奥多摩に生きる動物たち

写真·文　久田　雅夫

山小屋の撮影日記より

はじめに

東京の野生動物を撮影しはじめてからかれこれ20年になる。大型哺乳動物のツキノワグマ、シカ、カモシカ、イノシシから、小型哺乳動物のテン、キツネ、タヌキ、ハクビシン、アナグマ、リス等まで、撮影できた動物の種類も数も増えてきた。1997年には、念願の幻の東京の野生動物であるツキノワグマの撮影に成功し、また同じ時期にイノシシも撮れた。それは嬉しくて嬉しくて、本当に幸せだった。

私は、山小屋で野生動物の観察や撮影をするのが昔からの夢だった。人間と野生動物をめぐるほのぼのとしたニュースがテレビや新聞などで報道されると、見に行きたくていてもたってもいられなくなる。「民家の裏庭に毎晩、タヌキの家族がゾロゾロとやって来る」「山小屋でテンやシカ、モモンガの観察ができる」なんて聞くとうらやましかった。

東京の山であれば、奥多摩でも檜原でも、どこでもよかった。欲を言えば、山林と人家との境目、いわゆる野生動物と人間とのボーダーラインにあればなおいいのだが、と思って山小屋を探していた。

５年ほど前になるだろうか、知人を通して古い一軒家の紹介があった。奥多摩町天女久保という、いまは住む人のない旧集落に残る崩壊寸前のボロ家だった。しかし、そこは、私が望んでいた標高の地にあり、野生動物の痕跡も多数見られた。山に囲まれていて水もあり、願ってもない条件だった。結局、家の中の傷みは予想以上にひどかったものの、家賃も貧乏カメラマンが借りられる程度だったので、その家を借りることにした。

こうして念願の山小屋を手に入れた。大々的に改装工事を行なってようやく住めるようになり、「アトリエ翔童」という名をつけた。現在は、庭にこしらえたリスと野鳥の餌台に、リス、シカ、テン、ハクビシン、シジュウカラ、ヤマガラ、コガラ、ゴジュウカラ、カケス、ヒヨドリなどがやって来る。生きた野生動物の神々しい姿を観察していると、なにより幸せな気持ちになる。

本書はこの４年半の間に山小屋の定点撮影地（ボーダーライン）に訪れた野生動物の写真と話を中心に、また、その他の場所で出会った野生動物の紹介もしている。年々人間と野生動物の共存が難しくなっている。けなげにしたたかに生きる東京の野生動物の姿をぜひ見ていただきたい。

２０００年３月

久田　雅夫

定点撮影地でのニホンジカとテンとの珍しい出会い。自慢の作品となった

奥多摩に生きる動物たち

目次

私が出会った野生動物たち

野生動物と私

奥多摩湖の秋

私が出会った野生動物たち

テン（貂）

テンはイタチ科の仲間で、日本には北海道にエゾクロテン（非狩猟獣）、本州、四国、九州にホンドテン（狩猟獣）、九州対馬にその亜種のツシマテン（天然記念物）が生息する。

ホンドテンは、体長50センチ前後、尾長45センチで、ネコよりやや小さい。寒冷地に行けば行くほど毛並みも毛色も良く、特に冬毛は、顔が白っぽく体は真黄色になり、とても美しい。冬の毛皮は最高級品。夏毛は、顔が真黒で体は茶褐色、全体に冬毛より細長く、別種の動物に見える。

テンは、動物学的にも生態が解明されていない部分が多い。毛皮で有名なミンク（イタチ科）は、養殖が行なわれているが、テンは、それができないことでもわかるように、極めてデリケートな動物なのである。

テンは、「雷獣《らいじゅう》」ともいわれる。辞書には、「想像上の怪物。晴天の日には柔懦《じゅうだ》であるが、風雨と共に勢い猛烈となり、雲に乗って飛行し、落雷と共に地上に落ち、樹木を裂き、人畜を害す。形は、小狗に似て灰色、頭長く、喙《くちばし》黒く、尾は狐に、爪は鷲に似るという。木貂《きてん》」（『言林』昭和24年版）とある。すさまじい怪物の印象だ。

それにひきかえ、東京・奥多摩では「テン丸」、九州・対馬では「綿ぼうしかぶり」「姉さんかぶり」等、土地の人は可愛い愛称をつけて呼んでいる。私はその幻の雷獣「貂」を、ある寒い冬の夜、東京の西多摩で見た。

「幻の雷獣」テンとの初めての出会い

檜原村の小坂志林道沿いに東西に切り立った山のすそを流れる川がある。その川の近くで撮影をしていた時のことだった。

突然、目の前の暗い急な斜面から何者かが駆け降りてくる気配を感じた。私の錯覚だろうか。再び山の夜の妖気がただよい、薄気味悪い殺気と全身がじわじわと凍りつくような寒さが押し寄せてきた。

それから数時間後、ジープの中で我慢に我慢を重ねていた生理的現象が極限状態に。手足のシビレも耐えられない。エーイままよ、出てしまえ！　と外に飛び出してしまった。用をたして手足を伸ばすと、一挙に疲れがとれた。が、もうあとのまつりだ。私の匂いがあたり一面に広がり、動物たちは危険を感じて出てくるはずがない。

数か月前から準備し、何日も山ごもりして待ちに待ったあげくがこの有り様。後悔の念が胸をしめつける。絶望的だと思いながらも、まだ未練がある。せせらぎの音が絶え間なく聞こえるその餌場を懐中電灯で照らしてみた。なんと驚くではないか、暗闇の中で、らんらんと輝くけものの目が私を見つめていたのだ。

その光の輪の中に、燃えるように美しい2匹の幻の雷獣「貂」が浮かび上がった。予想もし

なんとも愛らしい姿で雪の中に立つテン

写真＝前ページ上　仲間の動きを見る
冬毛のテン
同　下　夏毛のテン

ていなかった出現に驚き、あまりの野生の美しさにしばらく呆然とした。カメラどころの話ではなかった。気をとりなおし、はやる気持ちを押さえてジープに戻り、夢中でカメラのシャッターを押した。

こんなに可愛い野生動物が、東京の山奥でしたたかに生きぬいていようとは。数少ない野生動物の怒りと悲しい叫びが聞こえてくるようであった。四季を通じて、テンの色々な場面を撮り、保護を訴えなければならないと思った。しかし実際には、そう簡単に撮れる被写体ではなかった。

テンは夜行性、当然夜間撮り。餌付けをしながら、限られた距離とストロボの光の中で、極端に警戒心の強い動物を慣らし、山の夜の気味の悪い環境の中で一晩中起きて撮らなければならない。だから、大ケガをしたり、病気をしたり、肝心要な時に撮影に失敗したり、一週間も山ごもりして一カットも撮れない時など、精神的に落ちこんでしまうこともあった。

そんなことを繰り返すうちにテンの写真の枚数は増えてきたが、限られた範囲での撮影、満足する写真が揃ったわけではない。

ヤマブキの花と戯れ、交尾し、威嚇するテン。ハクビシンとの争い、初夏の毛がわり、毛づくろい、月明かりに浮かぶ雷獣のすごみ。そして雪の丸太橋を渡るつがいのテン……。

テンは、ヤマブキの花が終わり、タマアジサイが咲く頃にはもうすっかり夏毛に変り、顔は真黒で熊五郎のようだ。山にはおいしい大自然の御馳走がたくさん出揃う。そして私は、テンに別れを告げる。また会う日まで俺の匂いとジープの匂いを忘れるなよ！　無事で元気でいろよ！　そう心の中で叫びながら、山を降りる。
私は、幸運にも、この愛すべきテンに出会ったおかげで動物写真への道が開け、東京の野生動物を撮り続けるきっかけを得た。そして、このテンたちのおかげで、自然の大切さ、自然の怖さ、自然の美しさを学んだ。

姿の見えないテンの死

83年2月、私はいつもの場所に撮影に出掛けた。そこには、高さ2メートルたらずの小さな滝がある。撮影の準備をしていたら、足もとにセメント袋のような紙袋があった。驚いたことに、その紙袋は血で真赤に染まっていた。よく見ると、黄色ぽい毛がたくさん付着している。一瞬、やられたと思った。

狩猟期間中だ、ワナで捕獲されたに違いない。「クソッ、ハンターの野郎、ブッ殺してやる」。憎しみだけが頭をよぎる。理不尽な、姿の見えないテンの死があわれで、悲しみがこみあげてきた。猟師は、一度ねらいをつけたら必ず殺す。法律で定められた狩猟には誰も文句はつけられない。

その餌場での撮影では毎回顔を出すテンが、その事件以来、バッタリ姿を現わさなくなった。活発によく動きまわる美しいテンだった。一目で個体識別ができる特徴があった。体全体は黄褐色、尾がチョコレート色で、その先端は白く、わりあい大きなテンだった。私を信頼してくれて、いつも撮影の時は無防備だった。魔がさしたのだろう。教えておけばよかった。残念でならなかった。

大雪をはじめて体験するテンの子ども

ハクビシン（白鼻心）

ハクビシンは、インド、マレーシア、中国等に生息する。日本には、移入されたといわれているが定かではない。森林帯に生息し、夜行性。肛門の近くに2本の臭腺がある。ハクビシンは、ジャコウネコ科で、世界ではおよそ80種類の仲間が生息する。体長63センチ、尾長59センチ、体重4～5キロ。樹洞等に巣を作る。雑食性で、果実、げっ歯類、昆虫類等を食し、果実等を食い荒らすので「害獣」扱いされている。

私が、初めて出会ったのは、東京の西多摩郡檜原村の山中、82年3月のひな祭りの晩だった。ホンドテンの撮影に行った時だ。この日はどういう訳か、私の求めている被写体がなかなか現われず、心配になってきた。午後7時30分をま

ハクビシンとコウモリが偶然一緒に写っていた

わった頃、右側の岩場から注意ぶかげに動物が現われた。個体識別ができるホンドテンだった。そして、午前0時前後に突然、双眼鏡の中に全体が黒っぽい、鼻のあたりが白い大きな動物が現われた。一瞬、ギョッとする。〝化物《ばけもの》だ〟。自分の目を疑った。餌場にしている岩場の右側の方から、ゆっくりと出てきた。周囲は、岩石がごろごろしており、隠れるところがあまりない。注意深く周囲をうかがい、鼻を地面すれすれにしながら近づいて来た。猫の動作に非常によく似ている。

暗闇の中で落ち着いてよく観察すると、くっきりと鼻に白い線があり、顔がやや細くとがり、尾が長い。身体全体が灰黒色で細長い動物だ。なんとハクビシンだったのである。こんなところにいるとは、想像もしていなかった。驚きと嬉しさで、興奮がしばらくおさまらなかった。野生の状態で観察できたのは、まったく幸運としかいいようがない。

ホンドテンは、その後、2～3回ほど餌場に来てからはバッタリと姿が見えなくなった。帰化動物とされるこの動物も、最近では全国的に続々と発見されている。ハクビシンは昔から日本に生息していたという人もいるが、ペットとして、あるいは毛皮をとるために飼っていたのが逃げだし、野生化して繁殖したという説が正しいようだ。今や日本の動物としてゆるぎない地位を築いてきたような気がする。

日本の野生動物の多くは、サハリンコース、玄海灘コース、東シナ海コースで渡って来たものので、最近では、タイワンリス、ヌートリア、マスクラット、タイワンザル、アライグマと、徐々にその種類を増やしている。

最近驚いたことが2つあった。1つは、99年6月、奥多摩町の峰谷の山間部で、アライグマを自動撮影で撮ったことだ。いるはずのないところに、いたのである。どこをどうしてここまで来たのか、そのルートをたどって調べてみると、面白いことがわかるかもしれない。このアライグマは、食べるものも満足にない山奥で、したたかに、けなげに生き続けている。

2つ目は、99年9月14日、青梅市在住の中嶋捷恵さんの奥様からの電話である。なにやらとても興奮している様子。いつもつがいで来ていたアライグマが、子どもを連れて来たというのである。しかも5匹の可愛い子をぞろぞろと。中島さんの声がうわずっていた。信じられない話だ。東京でアライグマの繁殖が確認されたのは、おそらく初めてであろう。子どもは、近くの木の上に登ったりして遊び本当に可愛い、誰かに電話で知らせずにはいられなかった、と言っていた。

ビッグニュースなので是非とも、写真とビデオカメラにおさめたいと思い、翌々日に伺った。午後6時半頃より11時近くまでねばったが子どもは現われず、親のアライグマ1頭のみだった。その間にアナグマ親子、タヌキ2匹が入れかわり立ちかわり、現われた。アライグマはきっと、子どもを連れてくるには危険と判断したのだろう。とても面白い話だった。

外来種の動物が増えることで生態系が変わり、在来種の生息があやぶまれ、外来種は嫌われ者になっているが、私は、野生動物の世界では太古の昔から、強くたくましい者のみが生き残ってきたわけだから、これらの現象はごく自然だと思っている。

ハクビシンの子ども

けんかするハクビシン

アナグマ（貛）

アナグマは、本州、四国、九州に生息する。異名はササグマ、ムジナ。食肉目イタチ科。生息地は森林帯。夜行性。体つきはクマに似るが、ずっと小さい。体長44～80センチ、尾長11～20センチ、体重10～16キロ。

巣穴は、長さ10メートル前後、深さ1メートル以上。穴には干し草、コケ等を敷きつめた部屋があり、数頭で棲んでいることもある。交尾期は夏。雄雌はいっしょに暮らし、翌年の春、3～5頭の子を産む。イタチ科の仲間は、受精した後に着床遅延現象があり、妊娠期間がはっきりしない。

雑食で地中の小動物、ネズミ、カエル、木の実、果実を食べる。私の山小屋の餌場では、パ

外敵を威嚇するアナグマ

ンの耳、脂カス（豚、牛）等を与えると、好んで食べる。

11月〜3月頃まで冬ごもりをする。毛は筆や刷毛に使われる。肉は脂がのっていて旨いという。タヌキ汁は、実はアナグマが犠牲になっているらしい。確かに冬ごもり前は丸々と肥って栄養満点、うまそうだ。ねらわれるのもわかる気がする。

東京都は保護上重要な野生生物種の1つとして、Cランクに位置づけているし、環境庁のレッド・データー・ブックでは希少種にあげられている。次第に山へ山へと追われ、数が減っている。私は、青梅と奥多摩で撮影したことがある。

95年の夏、アラスカ取材で2か月ほど留守にしたことがあった。帰国して久しぶりの山小屋、玄関に入った途端、びっくり仰天。台所の冷蔵庫は開けっぱなし、障子ははずされ、ありとあらゆるものがメチャクチャにひっくり返されている。足の踏み場もないほど荒らされていた。

最初は、ドロボーにやられたかと思った。が、どうも違うらしい。あちこちに残る鋭い爪跡、はずされた障子、ふすまの大きな穴。どんな動物が入ったのか……。

冷蔵庫を開けて飲み食いし、腹いっぱいになったので、2階の押入のフトンで寝泊りをきめこんでいたらしい。片付けに一日がかりだった。それにしても恐ろしく腕力のある動物だ。

数日後、犯人はアナグマとわかった。深夜の撮影中、階下でドタンバタン、ガラガラと戸を開ける大きな音がした。私は賊でも乱入したかと思い、ナタを片手に、誰だ！　と大声をあげながら階段を降りた。

なんと大きなアナグマが、台所で与太《よた》をしていた。人間が住んでいるというのに図太い奴だ。

のんきで図太いアナグマ

先住者のつもりでいるのだろうか。狭い台所の中を左へ右へ歩きまわっている。顔つきはまったく余裕たっぷりで、あせりがない。来るなら来いという感じ。最後は可愛いそうになり、玄関の戸を開けて逃がしてあげた。

あれだけ乱暴狼藉をはたらいたのに、不思議に嫌悪感がない。愛しくて、抱きしめたい思いだ。暢気《のんき》で、図太い。ケセラセラという感じで生きているらしい。

紅葉の頃のアナグマとテンとの出会い

タヌキ（狸）

「犭」と「里」を組み合わせて、狸と書く。この漢字が示すように、人里近くに生息し、遠い昔から人間との関わりが深い。「証誠寺《しょうじょうじ》の狸ばやし」、「かちかち山」、「文福茶釜《ぶんぶくちゃがま》」等、民話や童謡などに登場する。

人間が食するものは全てといっていいほど、何でも食べる、雑食性。生息域は、北海道にエゾタヌキ、本州、四国、九州にホンドタヌキと、ほぼ全国的に分布している。体長50～70センチだが、エゾタヌキはひとまわり大きい。

私がフリーランスとして動物写真を始めた時、最初の被写体がタヌキだった。寒い冬だった。五日市町（現あきる野市）の養沢というところにあるマス釣場で、死んだマスや食べ残しの焼いたマス等の残飯に餌付いていたタヌキを撮った。美しい毛皮をまとった、したたかな野生動物との初めての出会いは、感動的だった。心をときめかせながら、ポンコツになった車の中で、ほっかぶりをして……。今、思うと懐かしい。

ところで、タヌキの原産地は北アメリカだったらしいが、なぜか今はいない。現在は、東アジアに広く分布している。日本では、石器時代の化石で発見されている。私は、日本のタヌキは、固有種で日本独自の野生動物だとばかり思っていた。

それにしてもタヌキは面白い動物だ。どこか間が抜けていて愛嬌がある。タヌキ寝入りの話をよく聞くが、実はそうではなく、突然驚かされたり、衝撃的なことがあったりすると、意識を失ってしまうのだ。死んだと思った猟師が安心して用をたしているすきに目をさまし、まんまと逃げるというわけだ。

タヌキ汁にして食べた話はよくあるが、タヌキは臭くて食べられたものではないとも聞く。何でも食べるし腐ったものでも平気で食べるからか。タヌキ汁は、本当はアナグマが犠牲になっているらしい。

81年6月、知人の紹介で小平市小川町の立川勇さん宅を訪ね、裏庭で撮影したタヌキの家族は面白かった。

たまたま出てきた親ダヌキに餌を与えたのがキッカケで、そのうち親子連れで出てくるようになり、座敷まで上がってくる厚かましさだという。夜の7時頃だったと思う。童謡の証誠寺の文句にある「つんつん月夜で、皆んな出てこいこいこい」よろしく全部で5～6匹がゾロゾロ出て来た。本当に歌のとおりだなあと、うきうきしながら観察したものである。このような環境で、よくも野生のタヌキが繁殖したものだと感心した。

不思議に思ってよく調べてみると、裏庭の奥は、竹ヤブ、ボサヤブが生い繁り、タヌキ道がいたるところにあった。ねぐらとしては最高級（？）の場所だ。しかし採餌場所はどこなのかわからない。ただ、最近は野犬が見あたらず、餌の残飯等もけっこう多くて食べるものに不自由しないので、人里で生活できるようになったのだろう。野生動物が身近なところで観察でき

仲の良さそうなタヌキたち

お互いに無駄な争いは避けるタヌキとアナグマ

るなんてうれしい話ではないか。

しかしその反面、病気が全国的に流行っている話をよく耳にする。私の定点撮影地でもそういうタヌキを何度か目撃した。最初は、一瞬、帰化動物の新種が出たかと思ったほどだ。全身の毛が抜けてしわしわの赤裸、まったくタヌキの面影はなく、見るも無残な赤ダヌキだった。

この病気は、カイセンによる伝染性の皮膚病で、体力が徐々に落ちて冬が越せなくなる。毛がなくなるということは、動物にとっては命とり。ついには衰弱死してしまう。

里の動物であるタヌキは、人間とのかかわりが深いため、他の野生動物と比較すると交通事故死など不慮の死も多い。

キツネ（狐）

キツネは、北海道にキタキツネ、本州、四国、九州にホンドキツネが生息する。タヌキと同じイヌ科の仲間。タヌキより系統分化は新しいといわれているが、発見された化石に基づく話なので定かではない。太古の昔、陸続きだった大陸から、アナグマ、リス、イノシシなどと同じく、玄界灘コースで日本に渡ってきたらしい。世界では、キツネの仲間は6種類ほど生息する。

ホンドキツネは、体重3～6キロ、体長60～79センチ、尾は太く長さ34～44センチ、全身オレンジがかった黄土色。3～5月頃、5匹くらい子を産む。夜行性。足跡は犬に似るが、小さくて細くて縦長。ほぼ一直線に歩く。

東京では、多摩の西部地域に生息している。その多摩の西部地域の一番東側（都心に近い）で一度だけ撮影したことがある。多摩川でも中流よりやや下流の関戸橋の近くに、交通公園がある。そこは、春先になると、毎年、ヤマセミの繁殖が見られるので、バードウォッチングの観察地点として有名な場所だ。

たまたま右岸側のヤマセミの出るところに500ミリレンズを向けていた、時間帯は、お昼前後だったと思う。以前からキツネを目撃したという情報は時々耳にしていたので、現われた

親とはぐれたのか、子ギツネが1匹。元気でいるだろうかと心配だ

ら必ず撮ってやろうと狙っていた。

そんなスタンバイ状態のときに、右岸側のトンネル状態の草むらから突然、イヌのような動物が用心深く現われた。ほんの数秒間だったが、4〜5枚連続写真を撮った。おそらく東京都市部でのキツネの写真は、初めてではないだろうか。その写真は、朝日新聞に大きく掲載された。

キツネは警戒心が強く、人前にはめったに姿を現わさない。タヌキより行動範囲が広く、ネズミ類、ノウサギ、野鳥（キジ、カモ等）、カエル、昆虫等を捕食する。

キツネにまつわる話は数多く、日本では「キツネにばかされた」「キツネつき」「キツネ火がでた」等、気味の悪い話が多い。悪賢く、人をだます動物だと昔から言い伝えられていた。英語の〝FOX〟は、本来の動物を指す以外に、悪賢い人、ずるい人、だます人などの意味がある。古今東西、どこでもあまり良くいわれてい

木の枝を見上げる警戒心の強いキツネ

ないようだ。

しかし、悪い話ばかりでもない。日本の農業を営む人たちは、キツネをお稲荷さんと呼んで稲荷神社にまつり、稲を守る神様として崇めてきた。稲を荒らすネズミやモグラを捕まえてくれるキツネを大切にしたのである。

シートンの自叙伝にもキツネのことが書いてあるが、彼は、けっして悪い動物とはいっていない。賢く、素早く、そして勇敢と、野生のキツネを誉めたたえている。

聞いた話では、水上に浮かんでいるカモを捕まえるのに、水中に潜り、頭に水草を乗せて近づき、油断しているところへ飛びついて捕えるという。またウサギを捕まえる時、苦しんでいるふりをして、そばに寄ってきたウサギのすきをみて突然噛みつき捕えてしまう。雪深いところでも、耳と目と鼻で正確に狙いを定め、ジャンプして口を雪の中に突っこみ、みごとにネズミをくわえて出てくる――まさしくプロのハンターなのである。

ニホンカモシカ（日本羚羊）

日本特産で、特別天然記念物に指定されている。近縁では台湾に棲むものがいる。本州、四国、九州に生息し、北海道では見られない。偶蹄目ウシ科。体長約110センチ、体重約45キロ、尾長約5センチ。オス、メスとも枝わかれしない短いつのがあり、ニホンジカ（偶蹄目シカ科）のように抜け替わることはない。

眼のわきに、分泌物を出す眼下腺《がんかせん》がある。樹木等に匂いづけをするが、縄張りを示すためのものか、繁殖のための匂いづけなのかはっきりわからない。2月頃、目立つ切株や岩の上等で「寒立ち」をすることで有名。9月～11月頃発情期に入り、翌年の春に子を産む。冬期の寒い時は、常緑樹の葉や落葉樹の芽を食べ、冬を越す。

3～4年前になる。季節は秋の終り頃、と記憶する。午前10時頃だったと思う。たまたま、奥多摩町在住の一級建築士、山田文行氏が社員を連れて訪ねてきた時のことだ。

山小屋の向かいの山に林道がある。その林道のカーブのあたりを、真黒な丸っこい動物がゆっくりと歩いている。山小屋からは200メートルほどあり、後ろ姿でははっきり判別できない。「ツキノワグマが歩いているぞ」。同じ林道沿いの近くで、農大で働いておられた山師の小峰米作《よねさく》さんが帰宅する時、ツキノワグマに出会った話を思い出した。前方数十メートルのとこ

ニホンカモシカ。大型の動物ではニホンジカにつぐシャッターチャンスだった

ろだったという。間違いない、ツキノワグマだ。確信を持った。

私は客人そっちのけで、車に積んである500ミリの超望遠レンズを取り出してカメラを取り付け、急いで現場に向かった。恐怖心などまったくなく、無我夢中で息せききってたどりついた。周りを見渡すと、どこにもその姿が見えずあせってしまう。

落ち着いて天然林と岩の間をよく見ると、距離30メートル、黒い姿が山の急な斜面を登ろうとしていた。後ろ姿は真黒。私は、ツキノワグマだと思った。ところが、その黒いものが右に方向を転換したとたん、「ニホンカモシカだ！」と思わず叫んでしまった。頭のほうがやや白っぽいのですぐわかる。私は拍子抜けして、がっくり。我れを取り戻して今度は、ニホンカモシカ撮りを始めたが、薄暗い曇りの日でしかも林の中、スローシャッターと、条件が悪すぎた。それでも数枚撮って終いにした。親子のカモシカがぴったり寄り添う後ろ姿が、ツキノワグマにそっくりだったのである。

ゆうれいに出会った話

83年2月、カモシカの写真を撮ろうと奥多摩の山に出かけた。数日前に降った大雪が40センチも積もり、山は一面の銀世界。愛車のジープ（J36）にチェーンをまきつけ、スリップしながら急坂を登れるだけ登った。標高1200メートルはあろうか。川乗谷林道の終点近くのカーブで一夜を明かすことにした。その夜は、月は出ておらず、真暗闇。それでも雪明りでほのかに明るい。ジープの中で冬山用の寝袋にもぐり込むが、どういうわけかその夜は胸苦しくて寝つかれない。

午前2時頃、突然、車の周りに人の気配を感じた。誰かが雪の上をゆっくりと歩く「グサッ、グサッ」という音がしばらく続いた。かと思うと、また止まり……、再び歩く音が続く。思わずゾーッとする。

登山者が、道に迷って山から降り、車の周りを回っているのだろうかと思った。それにしても時間が時間だし、気持ちが悪い。目をこらしてすきまから外をのぞくが、それらしいものは見えない。キツネかシカが餌ほしさに来たのだろうか。自殺志願者が死に場所に迷い、もうろうとして歩くということをよく聞く。この手のものかとも思った。道連れにされては困る。護身用のナタを用意するが、握った手には力が入らない。

全身の皮膚が総毛立っている。「グサッ、グサッ」。それから3〜4回ほど、断続的にゆっくりと歩く音が続いた。その音が止んだ後も、とても外に出て様子を見る勇気はない。気味が悪いのと寒さのためその夜は一睡もできず、早く夜が明けないかと待ち遠しかった。

朝、明るくなると勇気百倍、何者が来たのかを確かめる。ジープの周りを丹念に調べた。驚くではないか、あの気味の悪い足音の痕跡は、何ひとつ残されていない。またまたゾーッとする。

この世に幽霊はいるのだろうか？　もしいるとしたら、あの音の主はだれだろう。この山で死んだ人の魂が、私に会いに来たのだろうか。私は、安らかに眠ってくださいと、見えぬ霊に手を合わせた。

定点撮影で撮影に成功

山小屋裏での定点撮影は、滞在中は目視撮影と自動撮影を併用し、不在の時は自動撮影にしている。99年1月4日～22日の間のフィルムに、ニホンカモシカが歩いているところを自動カメラがとらえていた。大型の哺乳動物は、ここでは初めてだった。つのは黒光りし、体毛も立派で、黒っぽく毛づやがあり、健康そのものという感じだ。

一般的に東北地方のカモシカは体毛が全体的に明るく、南に行くに従って黒っぽくなっているようだ。このカモシカは、クマのように黒っぽい。この定点撮影で撮れたので、うれしくてうれしくて、家にまっすぐ帰るのがもったいなくなり、夜はヤキトリ屋で乾杯ものだった。

その後、99年3月6～14日の間でニホンジカのオスが撮影できた。残念だったのは、つのが落ちてまもないシカだったのでいまいち迫力にかけたこと。これまた記念すべき写真になった。

また、2000年2月24日、定点撮影地で最高の傑作とも言えるいい写真が撮れた。目視撮影である。その日はいつものテン、ハクビシンがまったく出ず、不思議だなあと思っていた。午前1時半頃、突然大きな岩のような黒っぽい動物が現われた。それはすぐに大きな三段つのをもったオスジカだとわかった。あわてずいいショットだけを狙いシャッターを切った。何枚か撮っているうち、そこにテンまでが現われた。「いいかげんに餌場をあけんかい」と言っているようにジェー・ジェーと鳴きながら出て来たのだ。空腹に耐えかねたのだろう。ぼうぜんと見ていた私は、あわててシャッターを切った。最高のショットだった。根気よく頑張っているといつかいいものに出会えるというい見本だと思った。

新緑とツツジが美しい奥多摩の山道

サル（猿）

ニホンザルは、ホンドザルとヤクシマザルに分類されている。霊長目オナガザル科。人間を除く、すべての霊長類の北限の生息地である青森県下北半島のサルは、厳しい冬を過ごすため、毛が長く寒さに耐えられる丈夫な体をしているという。学術的にも、世界に分布しているサルの中で貴重な動物とされている。本州、四国、九州、そして周辺の島々に分布し、南限は鹿児島県の屋久島。

体重10〜14キロ、体長は55〜57センチ前後でオスのほうが少し大きい。体格がよく、顔が赤く、尾は短い。背は薄い灰色がかった茶褐色で、腹側は白っぽい。交尾期は秋から冬。発情期に入り、カップルができると、メスはいつもオス

山小屋の近くではあまりサルを見かけない。貴重な一枚だ

めにだ。

と行動を共にする。というより、つかず離れずメスがいつもそばにいる。交尾をしてほしいた

照葉樹林帯から針葉樹林帯に生息、岩場と水があるところで生活し、数頭から数百頭の群れで行動している。東京のサルは奥多摩町の日原川沿いの山林や檜原村の山林に、それぞれ4群から5群くらいが生息し、食べものをあさりながら移動している。

タヌキやキツネと同様、サルも人との関わりあいは深い。「さるかに合戦」、「おさるのかごや」、「見ざる・言わざる・聞かざる」など、昔話や童謡、ことわざに数多く登場し、庶民に親しまれてきたが、「江戸っ子ザル」は最近では、嫌われ者になっている。畑の野菜を食い荒らし、時々有害駆除で捕獲されている。シカと違って知恵があり、手先が器用で人間ぽい。猟師も捕獲にはあまり積極的でない。人間に似ていて気味が悪いらしい。

私が動物写真を始めて間もない頃、野鳥の撮影でもと思い、初冬の檜原村の小坂志林道を超望遠レンズ800ミリを担いで歩いていた時のことだ。高い崖の上で、木の実らしいものをせっせと食べている離れザルを発見。初めての野生のサルとの出会いは新鮮で感動的だった。動物園で見慣れていたサルとは全く違っていて、これが彼らの本当の姿なのだなあと思った。

言うまでもなく無我夢中で撮影。オスの象徴である立派なものがしっかりとある。大きなオスザルだった。掟を破って群れから追われたのだろうか。寂しそうな感じがした。

それから数年して、いずれも30頭前後の群れに5度ほど出会った。雑木林の山が、木枯らしが吹くようにザザーと音を立てた。同時に何頭ものサルたちが上手に木の反動を利用してジャ

ンプし、谷の対岸の木に飛び移っていく。みごとに統率された群れだった。あっという間に私の視野から消えていった。群れ全体の移動の写真が撮れるぞ、と喜び勇んだのもつかの間、結局カメラに収めたのは1頭か2頭だった。

99年夏、都心の港区麻布のビル街に突然、ニホンザルが現われた。出勤途中のサラリーマンや付近の住民等が目撃し、テレビや新聞で報道されるが、餌付けしてもなかなか捕獲できず、長期にわたって逃亡生活を続けた。そのうち、近くの子ネコと仲良くなり、毛づくろいをしてやるまでに親しくなる。群れから離れて寂しかったのだろうか、動物ならだれでもよかったのかと、余計な心配をしてしまう。

最近では、タカの仲間のチョウゲンボウやハヤブサが、都心のビル街でドバト等を餌にあちこちで繁殖している。この麻布ザルも、ビルの谷間を山と思いこみ生活しようとしたのだろうか。結局どこかのオフィスビルの庭に現われ、バナナにつられてあっさりと捕獲された。

現在、高尾山のサル園に移されたが、1匹だけのオリに入れられ、リハビリ中とか。麻布で発見され、メスだったので、「アザミちゃん」と名づけられたという。獣医師によると、毛並みも色つやも良く、筋肉もよく発達しているので、多分、どこかの山から降りて来た野生ザルに違いないということだ。10数年前にも野生のニホンジカが東京の八王子市内に出没し、大騒ぎになったことがあった。

ニホンジカ（日本鹿）

ニホンジカは、本州、四国、九州などに分布する。偶蹄目シカ科。北海道にエゾシカ、長崎対馬にツシマジカ、屋久島にヤクジカ、慶良間《けらま》諸島にケラマジカと、各亜種が生息している。

シカの仲間は世界で約200種類、世界最小のインドマメジカは高さ（肩の位置）わずかに25~30センチ、インド、スリランカに分布している。世界最大のヘラジカ（ムース）は高さ170~235センチもあり、北半球に分布する。アラスカのヘラジカは特に大きく、つのは巨大。手の平のようなそりかえった複雑な形をしていて、メスを獲得するために、そのつのでオス同士が戦う。大きなつののぶつかりあいはすさまじく、にぶく重い音がする。

本州、四国、九州に生息するシカは、高さ約58~99センチ。オスにはつのがあるが、メスにはない。4本あるひづめは中指と薬指の2本が大きく、地面につく。他の2本は小さくてすべり止めになる。

冬が終わり、春になる頃、つのが落ち、再び夏にかけて柔らかい袋づのが生えてくる。全体の形が整うと、今度は皮がぼろぼろとはがれ落ちるが、その時の血のついたつのは痛々しい。そして、秋から冬にかけて立派な硬い枝づのが成長する。つのは、歳をとるにしたがって、1段づの、2段づの、3段づのと枝別れしていく。

毎晩リスの餌（パンくず）を食べていたのは、立派なつのをもったニホンジカだった

夏毛は美しい栗色で白い斑があり、生まれてまもない子鹿（バンビ）は、この白斑が特に鮮やかで可愛い。冬毛は濃い灰褐色に変わる。

私が初めて野生のシカに出会ったのは84年、場所は奥多摩の日原川沿いだった。白い斑紋のある美しいメスジカだった。とても可愛くて、したたかな印象を受けた。その時の写真は、今でも忘れられない、私にとって貴重な一枚となった。

日航機の事故と白岩山の親子ジカ

85年8月13日、私は、朝日新聞記者の園田二郎さん、鹿野又《かのまた》守さん、元自然保護協会レンジャーの小林毅さんたちと雲取山を歩いていた。夕方、汗だくになって雲取山荘に着く。山荘は登山客で満員。私たちも山荘に泊まることにした。山荘の管理人、新井信太郎さんは友人で、雲取山に来るたびにお世話になっている。

登山客の夕食後、手伝いも終わり皆で一パイやっていた。午後8時頃だったと思う。突然東の方から、ヘリコプターが何機も山荘の上空を通過していく音が聞こえた。

何か事件が起きたに違いないと思った。皆もただごとではないと感じていた。冗談半分に、園田さんに、特ダネに違いないから今からでも下山して取材したほうがいいんじゃないのと話したのを覚えている。私たちは楽しく酒を飲み、その夜はぐっすりと寝た。

翌朝、新井信太郎さんが、ジャンボジェット機が墜落した、と血相をかえて話していた。ジャンボだから乗客の数も多い。たくさんの犠牲者が出ることが予想された。

我れに帰って、以前新井さんが、近くの白岩山の頂でシカによく出会うと言っていたのを思い出し、行ってみることにした。ここのシカは不思議なことに、騒々しく話をしたりラジオを鳴らしたりしているとどこからともなく現われるという。そこで、カメラ片手に私もなにやらわけのわからない歌を20〜30分ほど歌っていたら、本当にシカが出てきた。おまけに親子で3頭、美しい白斑の夏毛だった。野生の複数のシカに会えたことに感動した。

その日、下山してから、日本航空のジャンボジェット機が長野県川上村の御巣鷹山《おすたか》に墜落し、500人余りが亡くなったことを知った。信じられない話だった。今にしてみればこの親子ジカの写真は、亡くなった方々の生まれ変わりのような気がしてならない。

また、真冬の奥多摩の日原川上流で動物を撮影したいと思い、カメラと超望遠800ミリレンズを重い三脚に取り付けブラブラと歩いていた時のこと。山の斜面は雪が薄く張りついている。三脚の冷たさが、手袋を伝って痛みとして感じる。あたりはもう薄暗い。奥多摩の山は切り立っていて、冬は早々と日陰になってしまう。気がつくのが数秒遅かった。右岸側の中腹で突然、ドドドッと崖崩れのような音がした。よく見ると、50〜60メートル先で、オスジカの群れが上流に向かって全速力でつっ走っていく。7〜8頭はいた。しかし、三脚を置く間もなく、山陰に消えてしまった。

その間わずか5〜6秒。立派に生えたつの、茶褐色のしなやかな体、躍動的な脚……。言葉で表わせないくらい感動した。スローシャッターだし撮影しても失敗しているに違いない。観察できただけで満足だった。雪におおわれた岩だらけの斜面を駆け抜けるオスジカの群れ。神秘的ともいえる美しい世界を感じた。

リスの餌を横どりするシカ

97年から山小屋の近くの畑で野菜を作っている。大根、なっぱ、ホウレンソウ、白カブ等々。しかし、食べ頃になると、必ずシカにほとんど食べられてしまう。野菜の栽培で生計をたてていたら、本当に腹が立つだろうなと思った。

山小屋にいると、御多分にもれず、小さい方は外であちこちとやってしまう。家の中のトイレより気持ちがいいからなのだ。度重なると強烈に匂うことがある。そして、小便に含まれる塩分をなめに、自然とシカが集まってくる。

動物撮影が終わると、山小屋のリスの餌台にパンを山ほど置いて自宅へ帰り、山小屋で泊まる時は必ず、パンやドングリ、マテバシイの実を置いておく。

ある時、一晩で、40センチ×30センチの餌台にテンコ盛りに置いたパンがなくなっていた。ホンドリスは早起きなので、前日の夜のうちに置くことにしているのだが、一度にそんなにたくさんのパンを食べられるはずがない。それが何日か続いたので、犯人を突きとめることにして、2階で待機し観察することにした。山小屋の玄関には、温度センサー付き防犯灯がある。そのセンサーの方向に餌台があるので好都合だ。案の定、センサーが働き、見ると大きな袋づののオスジカが現われた。ものの15分もたたずに、ペロッと食べてしまった。大飯ぐらいだ。シカの耳は大きく、アンテナのように左右に動く。警戒心が強い動物なので、野生のシカを山小屋で見られるなんて最高だ。大事にしていた庭のバラの花も、畑で作った野菜も食べられたが、近くで見るシカの姿は崇高で、神の落とし子のような気がして、憎しみなど消え去る思いだった。

ニホンジカは万葉の時代から、和歌などに歌われたり、絵画などの美術品に登場し、日本を代表する動物として親しまれてきたが、75年頃より急激に増え始め、木や農作物が食い荒らされ、林業関係者からは日本最大の林業害獣として目の敵にされてしまった。そのため有害獣として、銃により捕獲されている。可哀想な話である。

何が原因で増えたのだろうか。自然と動物のバランスがどこかで崩れたのは確かだ。地域によっては、シカが急激に増加したため餌が足りず、大量餓死による急減を心配する声も出始めている。

95年の春だったと思う。奥多摩の日原川の支流の川原に大きなつのをもったオスジカが死んでいるという。奥多摩町の町長さんの親戚で、索道工事会社の社長の大館さんは、ガッチリとして好感のもてる人だ。バスの折返し所の前で食堂も経営している。その食堂でラーメンをご馳走になっている時にその話を伺った。無理にお願いして案内してもらうことになった。

数日後、朝5時に大館宅へ。稲取岩より徒歩で40~50分。途中、ワサビ畑があり、その先は山道が消え、あとは沢を登る。大館さんは索道工事をしているだけあって、さすがに山歩きは強い。私は、フウフウ、ハァハァ、息を切らしながらついていくのが精一杯。途中、危険な個所がいくつもあり、1メートル四方ほどの大岩が崩れてあやうく命びろい。どうでもよくなったが、案内していただいた手前、帰りたいとも言えず、とんでもないことを考えるバカ者と自分であきれてしまう。

ようやく、幅広い川原に出たとたん、大きなオスジカが頭を下流に向けて横たわっているのが目に入る。つのは3段で立派なものだ。

腹部から後肢にかけて半ば白骨化し、腐臭がただよい、中はウジだらけハエだらけで、見るも無残なシカの姿だった。頭骨は、外見は保たれている状態だったが、中は完璧に腐っているのがわかる。持参したナタで、頭と胴体を切り離すのにしばらく時間がかかった。あまりいい気持ちはしない。ビニール袋に入れ、その頭をリュックに詰めた。

歩き始めると、次第にリュックの中の腐った頭がい骨からでる悪臭が強くなり、たまったものではない。後ろを歩く大館さんは、くさいくさいを連発、相当参ったようだ。もちろん私など、頭がい骨からでる腐った汁がリュックから背中に浸みてくるのがわかる。参った。匂いは、その後もしばらくとれず往生した。

つの付き頭がい骨は、大鍋で何時間も煮つめ、肉片とスジをていねいにはがし、きれいに仕上げるまで2~3日かかった。このオスジカの大きな3段づの付き頭がい骨は、事故や病気で死んだシカの供養にもなるので、山小屋に飾らせてもらっている。

リス（栗鼠）

北海道にエゾリスとシマリス、本州、四国、九州にホンドリスが生息し、帰化動物といわれるタイワンリスが伊豆諸島の大島等で繁殖している。

山小屋を借りたら、餌台を作り、リスの遊びにくる山小屋にすることが私の夢だった。しかし餌台は作ったものの、肝心のホンドリスがいるのだろうか。心配だったが、とにかく、リスの餌台を作ることだけでもロマンがあり、胸がワクワクするものがあった。

94年秋に、桜の木を製材（板状）したもので頑丈な餌台を作った。山小屋の前には、樹齢200年以上あると思われるケヤキの古木が2本、御神木のように、そそり立っている。そのケヤキから、餌台に渡すリス橋を作ってあげた。この橋をリスが走って渡ってくる姿を、もう1つの夢としてイメージしていた。

餌台には、パンの耳、クルミ、ドングリ、マテバシイの実等を毎回（1週間に1度）、置き続けた。同じ時期に、野生動物撮影装置（自動撮影および目視撮影）を作り、仕掛けてみた。そんなことを1年間、繰り返していた。

96年だったと思う。秋晴れの日、木もれ日のさすケヤキに、鳥でもない素早い動物が動きまわっているのを発見。のんびり反対側の山の色づき始めた落葉広葉樹を見ていた時だ。

冬毛のリスはひと回り大きく見える

餌をめぐって争うリスとヒヨドリ

よく観察すると、なんとなんとホンドリスではないか。私は思わず、小さな声で「来てるぞ！」と叫んでしまった。

餌台の餌は、確実に何者かが来て食べているらしく、ペロッとなくなっている。後でわかったことだが、ニホンジカ、テン、ハクビシン、カラス、カケス、トンビ等、いろいろな動物や野鳥がやって来ては、少なくなってきた山の餌を補うために腹を満たしていたのだ。

私は、ホンドリスの姿をケヤキの樹上で見てからは、必ず餌台にリス橋を渡って来ているはずだと、確信を持った。それからというもの、山小屋に来るたびに、観察を開始。もちろん撮影もできるように準備を完了した。人気のない早朝が一番だと思い、雨戸を半開きにして、姿を現わすのを待ち続ける。

そんなことを数日続けたある朝、ケヤキの枝にかけたリス橋から、なんとホンドリスがなにくわぬ顔でスルスルと渡ってきたのである。私は歓喜の声を上げるのをぐっとこらえて、まず1枚、リス橋のリスを撮影。そして餌台のリスをまた1枚、はやる気持ちをおさえて撮影。自然の山の中での写真とはひと味違い、またいいものだ。

「ロマン」というと大げさかもしれないが、これは、人には言えない喜びがあった。夢が実現したのである。リスの餌台を作ったことだけでけっこう満足していた。本物が来るなんて、信じられないいい気分だ。

山歩きしている時には、目の前を素早く逃げて行ったり、遠い樹上だったりで、ほとんど撮影ができる状態ではなかった。それだけに、難しい東京のホンドリスを撮影し、観察できたことを喜んでいる。

山小屋には、げっ歯目ネズミ科の仲間が入り込み、台所から居間、2階の座敷、床の間と、いたるところで我がもの顔に狼藉をはたらき、食いちらかしてフンだらけ。私もほとほと悩んだあげく、ネズミ獲り器を買って防御態勢を整えた。

1週間ぶりに山小屋に行った時のことだった。引き戸を開けて玄関に入ると、入口右側にセットしたネズミ獲り器の中に、大きなネズミらしい動物がかかって大暴れをしている。薄暗い玄関だからよく判別できない。よく見ると、ネズミとは大違い。なんと、リス橋で撮影したホンドリスが捕獲器にかかっていたのである。

山小屋の中は真暗なはずなのに、どこからどうして侵入してきたのだろう。不思議だ。ホンドリスは日中行動する動物、夜行性ではないと記憶していたのだが……。困りはてたホンドリスが、「助けてくれよー」と言わんばかりの顔で私を見ている。すぐさま、ケヤキの木の方に向けて逃がしてあげた。

私は、ホンドリスの生態をまた違った角度から見ることができた。牛豚の脂カスも食べるし、定点撮影地に置いてある砂糖水も飲み、しかも暗いところでもけっこう活動することを知った。定点撮影地ではカケスが来ると追っぱらったり、追われたりするが、カラスが来るとさすがに体が大きいせいか、怖いらしく、姿をまったく現わさない。

野ネコ、野犬、猟犬

イヌ科とネコ科は哺乳動物で、食肉目の仲間に入る。どちらも狩りをして獲物をつかまえるハンターである。オオカミ、イタチ、ハイエナ、ライオン、雑食性が強いクマ、アナグマ、アライグマも同じ仲間になる。化石の研究・調査によると、食肉目の動物たちの祖先は、イタチに似た古い食肉動物に行きつく。

イヌ科動物といえば、日本ではキツネとタヌキだが、世界では数十種類。イヌの祖先と考えられているオオカミ、ジャッカル等は、獲物を群れで追いかけ、協力して倒す。単独では襲えない大きなシカ、ムース等を獲物としている。目や耳、鼻が抜群によく、俊足で獲物を襲い、するどい牙で切りさいて食べる。

92年夏、アラスカのデナリー国立公園で、3頭のシンリンオオカミに出会った。カリブー5頭のうちの1頭にねらいをさだめ、群れで襲った直後で、白夜の早朝4時頃だった。カリブーをむさぼり喰っているシンリンオオカミの迫力ある写真が撮れた。

ネコ科には地球上に大型のものから小型の野生ネコまで約40種類の動物がいるといわれる。さらにペット化されたネコは数多い。また、ネコ科動物はほとんど孤独なハンターで、小さな獲物しか殺せない。群れで襲わず、忍びより、待ち伏せして狩りをする。そして獲物も他の動

山小屋のネズミを主食にしていた野ネコ

物と競合することがない。

イヌは、ネコよりずっと雑食性が強く、腐肉、果実、植物類も好んで食べる。ネコはこの種の食べ物を嫌う。

対馬に生息するツシマヤマネコを10数年追いかけて一冊の写真集にまとめたことがある。その撮影の時にツシマヤマネコの狩りを目撃した。彼らは、待ちと忍びよりで正確に獲物のニワトリの首たまに飛びつき、するどい爪で押さえつけて牙を突き刺す。骨を砕き、呼吸ができないようにして絶命するまで離さない。

獲物への執着心は驚くものがある。撮影用のブラインドから顔をだして声をかけても、少々のことでは簡単に獲物は放棄しない。獲物の息の根が止まるとヤブの中に引きこもうとする。それがだめだとわかると、今度は羽をむしり、バリバリと食べ始める。一晩でニワトリを半分ほど食べるのを見たことがある。

イヌは、小さな獲物なら簡単に噛み砕き、大きな獲物は引き裂く。ネコのように特別な殺し方はしない。どちらにしても、イヌもネコも、今世紀まで生き残った優秀なハンターなのである。

標高700メートルの山小屋の定点撮影地点には色々な動物がやって来るが、ネコやイヌ、時には迷子の猟犬までやって来る。借りたての95~96年頃は、どういうわけか野ネコが山小屋周辺に居ついてしまって困ったことがあった。1か月に120匹ほどのネズミの仲間（アカネズミ、ヒメネズミ等）を捕獲したほどの小屋だから、ネコもその匂いをかぎつけて餌として生活していたのだろう。

それにしても、けしてなつかない野ネコだった。数個体を観察し、撮影もした。山で繁殖している可能性もあった。ペットのネコでも野性が残っているのだから、野山に放してあげればすぐにでも生活できるに違いない。

毎年11月15日から狩猟期に入る。秋も終わりに近づく頃、山のあちこちで猟犬のほえる声がして、銃声が鳴る。あれは98年の11月、霧がかかってどんよりとした小寒い日だった。時は夕方になろうとしていた。薄暗く、なんとなく寂しい日だった。山小屋の囲炉裏に火をつけ、ぼーっと何も考えずに座っていた。

すると、どこからともなく風鈴のような音が、近くなったり遠くなったりしながら聞こえる。なんだろうと外に出てみたが、誰もいない。思わず寒気がした。

山小屋におばけが出たか？

顔全体が、緊張と怖さで引きつっているのが自分でもわかる。その風鈴の音がしばらく続いたかと思うと止む。逃げだしたい気持ちを抑え聞き耳を立てていた。現実にこんなことがあるのだろうか。以前、カモシカの撮影で奥多摩の川乗谷へ行った時に正体不明の足音を聞いたことがあるので、余計、怖くなった。

しかし、なんてことはない、数分後に犯人がわかった。大物狩りに使う大きな真黒い猟犬が、外の土間をウロウロしていたのである。「クソ！　おどかしやがって」。思わずきたない言葉を発してしまった。

「風鈴」の主はアンテナをつけた猟犬だった

背中に無線機のアンテナを取りつけ、首には例の鈴があった。シカの被害があるということで、有害鳥獣駆除でハンターが入山していたのである。

なぁーんだ馬鹿馬鹿しい。

主人を見失ったボロ犬め、と思いながら追い払う。あまりこの周辺を徘徊されると、他の野生動物が匂いをかぎつけて定点撮影地に姿を現わさなくなる。たとえ猟犬でも時として、主人の言うことを聞かずに先走りして迷子になり、捨てられてしまう。そして野山をさまよい、野犬になってしまう。野犬は仲間を見つけ群れを作る。また、つがいを形成して繁殖する。

83年、奥多摩の御前山にぬける途中の小河内峠の先で、ツキノワグマの撮影のために自動カメラをセットした時のことだ。その自動カメラが数枚作動していた。現像したら、ツキノワグマではなく、野犬が子連れで5匹写っている。もちろん首輪などない。この時の1枚の写真が、週刊紙に掲載された。

イヌもネコもそうだが、他のペットの飼育についても、もう少し真剣に考えてほしい。飽きたからといって、手に負えなくなったからといって、使いものにならないからといって、飼育を放棄し、野山に放してしまう。そんな無責任な飼い方はやめてほしいものだ。可愛いから、珍しいから、猟に使うからだけでは、飼う資格はない。もっと動物に対するやさしい愛情を持って、命がある限り最後まで面倒をみてあげるのが真の飼い主ではないだろうか。

コウモリ（蝙蝠）

日本には、５科40種のコウモリが生息する。日本の哺乳類の約40％をしめているというからすごい。ネズミの仲間に次ぐ数だ。翼手目コウモリ科。日本のコウモリは、大別すると小型コウモリと大型コウモリに分類される。小型コウモリで代表的なのがアブラコウモリ（イエコウモリ）、その他にキクガシラコウモリ、ヤマコウモリ、カグヤコウモリ、ウサギコウモリ、ユビナガコウモリ等がいる。夜行性で、冬眠は11月～４月頃まで。普通、一産一子。

コウモリは不思議な動物だ。唯一、哺乳類の中で飛翔できるのである。指が大きく変化してその間に膜があり、翼になっている。しかも、小型コウモリは超音波を口と鼻から発し、その反射音をとらえて自由に飛び回ることができる。石を投げると飛んで来て、餌でないことがわかるとさっと体をひるがえし、飛び去って行く。超音波を使っていることがわかる。超音波で、餌の昆虫類をつかまえるし障害物も簡単にかわす、とても進化した動物なのだ。

アブラコウモリは、夕方街路灯がともる頃になると、素早く、忙しげに飛んでいるのをよく見かけることがある。立川市にある私の住まいの近くでも度々出会っているし、何枚か撮影に成功している。餌は昆虫類（ガ、カ、甲虫等）。住み処は古い民家の屋根裏、空家の戸袋、樹木の洞。定点撮影場所では２度ほど撮影したが、種類不明。私はヤマコウモリの仲間だと思っている。

大型コウモリは、日本では3種類。沖縄諸島にヤエヤマオオコウモリとダイトウオオコウモリ、小笠原諸島にオガサワラオオコウモリが生息する。小型コウモリと違う点は、有視界飛行をし、餌は果実を好んで食べることだ。

12〜13年前になるが、一度だけ目撃したことがある。父島、母島でオオコウモリの撮影に挑戦したときのことだった。

母島でのメグロ（国天然記念物）の撮影中だった。海岸沿いを高さ20〜30メートル、カモメでもない、サギの仲間が飛んでいるかのように、フワフワとゆっくりした羽ばたきで左から右へ通過した。まさか（夜行性だとばかり思っていたから）、真昼間に飛ぶはずがない。そこがドジカメラマンの浅はかさ。あまく見ていたというか、調査・勉強の不足。曇り日の空にサギを撮ってもフィルムの無駄。シャッターを押す気もなかった。

ところが注意してよく見ると、オガサワラオオコウモリだったのである。気がついてカメラを構えたが、後の祭り。絶好のシャッターチャンスだったのに、またしてもドジを踏んでしまった。わざわざオオコウモリを撮るために、東京から1000キロもはるばる渡ってきたのにである。結局10日間ほど滞在したが、メグロとメジロ、野生ヤギのみで終わってしまった。

山小屋裏の自動撮影でもコウモリを撮ったが、種類は不明。この山小屋を借りるために初めて下見した時は、30数年間人が住んでいなかったため、すっかり荒廃して動物の巣になっていた。2階の腐敗寸前の畳の上に、高さ約20㎝の円錐形の灰黒色をした堆積物が4か所もあった。

あきらかに上から落ちて積もったものだった。コウモリのフンに間違いない。ただし姿はなく、逃げ去ったあとだった。自動撮影で写っていたのはその仲間だと思っている。お隣の村木家の本家では、住人の向原さんが睡眠中のコウモリの写真を撮ったと話していた。標高約700メートルの山小屋なので、ヤマコウモリに違いないと思っている。

ヤマコウモリ？　こんな山の中でも飛んでいるのには驚いた

飛び去るフクロウを見上げる夏毛のテン。とても面白い場面だ

野鳥

日本の野鳥は525種いるといわれてきたが、絶滅と考えられる5種類、リュウキュウカラスバト、オガサワラカラスバト、ミヤコショウビン、オガサワラガビチョウ、オガサワラマシコ、それに国外では生息しているが国内では絶滅したと考えられる3種類、ハシブトゴイ、マミジロクイナ、キタタキ（対馬）の、計8種類を差し引き、517種が確認されている。このうち国内で繁殖が確認されているのが247種、確認されていないのが270種。分類すると、留鳥（渡りをしない）36％、冬鳥（冬渡ってくる）22％、夏鳥（夏渡ってくる）10％、迷鳥（迷って時々来る）16％、旅鳥（シギ、チドリの仲間）15％、特殊渡り鳥1％、となっている。最近では、国内の数か所で南に帰らず越冬するツバメが増えてきた。タゲリ（冬鳥）も数か所繁殖が確認されている。

地球上に生息する鳥は、27目163科、およそ8600種類（ハーバード大学のエルンスト・メイ博士による）。大型のダチョウから、世界で一番小さいキューバマメハチドリ（体長5・7センチ）まで、種とともに亜種も数えると、地球上に2万5000種類の鳥がいることになる。

鳥の特徴は、筋肉が非常に発達していること。体形は、空気の抵抗を最小限におさえる流線形に出来上がっている。しかも骨が強くて軽い。そして速く飛ぶことができる。食べ物を短時間で消化しエネルギーに変える。鳥の体は本当に効率よく出来ている。進化の過程を分析して調べたいものだ。

空を飛ぶ自由さは、人類が自分自身で持つことのできない、まったくうらやむべきことなのである。鳥は地球上で、（数の上で）もっとも成功した脊椎動物だと多くの学者は考えている。

鳥の飛翔には5つの型がある。普段、私たちが見かけるスズメやカラスのたぐいは、①はばたきで飛翔している。高い所から低い所に降りたりする時は、羽を止め水平にして②滑空する。トビは上昇気流を利用して③帆翔《はんしょう》する。風なしで空中一点に停止してはばたくのは、ハチドリ、ヒバリ、カワセミ等で、スピードのある④はばたきだ。向かい風を利用した⑤停止飛行（ホバリング）は、ワシ、タカの仲間のミサゴ（魚主食）、アジサシ等である。

この飛翔が鳥の特徴だが、そのスピードは驚くほど速い。ほとんどの鳥は時速32～48キロ、ご存知の通りツバメが一番速いが、なかでもアマツバメ類は速く、時速320キロという記録が外国に残されている。タカの仲間のハヤブサも負けてしまうスピードだから驚きである。

国内での渡り鳥（旅鳥含む）は約48％を占めているが、遠くの地域の間を鳥が集団で移動することを渡りといっている。北半球では、北部で繁殖し、南部で越冬する。

同様の移動は、哺乳類（カリブー、ヌー、コウモリの仲間にも一種類）、魚類（サケ、ニシン、ウナギ）、昆虫類（ある種のトンボ、チョウの仲間、バッタの仲間等）にもみられる。

渡り鳥の多くは、夜に渡りをするといわれている。夜、長距離飛行をし、昼は餌場で採餌してエネルギーを補給する。昼に渡りをしても、夜間は採餌できない。空腹では飛翔できない。

写真＝上　カケスの動きのある一枚が撮れた
　　　下　クロツグミのメス

写真＝前ページ上　トビとカケスの珍しい出会い
　　　同　　中　シロハラ
　　　同　　下　交尾をするキジバト

なるほどよく考えているものだ。

9月下旬から10月の上旬にかけて、ワシやタカの渡りが観察できる。私も4～5回出掛けたことがある。愛知県の伊良湖岬では、天気の良い日の日の出前には上昇気流を利用して何百羽というタカ（サシバ、ハチクマ等）が、タカ柱を作りなが渡っていく。これは夜ではなく日中だった。渡りの飛行高度はおよそ900メートル以下で、時速32～64キロが飛行速度。

鳥の体は実によく設計されている。骨は軽くて強い桁構《けたがまえ》（トラス状）になっていて構造力学的にいうと、曲げの力に強いのである。そして内部は、すき間だらけ（トラス状）で空気が入っている。軽く出来ているのだ。グンカンドリという大きな鳥がいるが、羽を広げると2メートル以上、一方、骨の重量はわずか110グラム。羽毛のほうが重いといわれている。

「鳥の脳のようだ！　脳みそが足りない奴」というたとえがある。しかし鳥の脳は、体全体に比較すると大きくて重い。カラスの脳が鳥の仲間では一番重く、次にものまねするオウムといわれる。

鳥の進化には驚くものがある。羽は飛翔と体温の保持に役立っている。羽は、恐竜類の鱗が進化したものと考えられる。現在の鳥の脚の鱗状の皮膚が、その名残を留めていることがわかる。現在の鳥の進化の過程については、古生物学者の間で色々と議論がかわされてきたが、ここ20数年の間で、新しい化石の発見や研究方法により、鳥類が「獣脚類《じゅうきゃくるい》」と呼ばれる地上性の小型の肉食恐竜から進化したことがわかった。

野鳥は種類も多く、ひと言で説明することは大変である。バードウォッチングでただ鳥を見ているだけではあまり面白くない。鳥とはどんな動物なのかを、少し知ってから改めて鳥を観察することで、鳥を愛する心が根づいてくるのではないだろうか。

子どもの頃から鳥が大好きだった。中学生の時、友人とつるんで野鳥を捕まえては、自分で育てて楽しんでいた。ホオジロ、アオジ、カワラヒワなどを次々と育ててみたが、寿命がきたり、逃がしたり、変なものを食べさせたり餌をやり忘れて殺してしまったこともよくあった。今思うとひどいことをしたものだ。

その反省というわけではないが、社会に出てから野鳥の会に入った。実は、私のカメラは野鳥を撮ることから始まったのである。

今、山小屋の餌台には実に多くの種類の野鳥が来てくれる。幸せなことだ。国内で観察された野鳥517種に対し、山小屋の定点撮影による野鳥の数はほんの数パーセントにすぎないが、同一場所での長期にわたる記録はまた、違った意義があると思う。

鳴声観察（定点撮影地周辺）と撮影ができたのは以下の通り、計43種類。

ハシブトガラス、ハシボソガラス、カケス、ヒヨドリ、アオゲラ、シロハラ、クロツグミ、シジュウカラ、ヤマガラ、ヒガラ、コガラ、コゲラ、ウグイス、ホオジロ、ミソサザエ、メジロ、フクロウ、ジョウビタキ、ルリビタキ、ウソ、キジバト、トビ、サシバ、キビタキ、オオルリ、キセキレイ、イカル、ホトトギス、ツツドリ、ジュウイチ、イワツバメ、オオタカ、ヤマドリ、キジ、コマドリ、トラツグミ、キクイタダキ、エナガ、ゴジュウカラ、アオジ、ミヤマホウジロ、アトリ、想思鳥。

カケスとヒヨドリ、そして山桜の花びら

イノシシ（猪）

イノシシは、日本にはニホンイノシシ（本州、四国、九州、淡路島）と、リュウキュウイノシシ（奄美大島、沖縄島、石垣島、西表島）の2種類が生息する。

ニホンイノシシは、オスの成獣で体重50～190キロ、体長80～110センチ。四肢は短めで、体形はブタに似る。短い牙があり、毛色は黒褐色。茅の根、山芋、ユリの根、クズの根等を主食とするが、昆虫、爬虫類、両生類も食べる。雑食性である。

イノシシにもキツネ、サル、タヌキ等と同様にいろいろな話が伝わっている。平安時代の延喜式祝詞の中に、「白き亥」という言葉が出てくる。白いイノシシが捕獲されると、良いことの兆しといわれ、その年は大豊作だと喜ばれたという。しかし、今も昔も農作物などを荒らすので嫌われ者。群れで現われることもたびたびで、スコップのような丈夫な鼻で根こそぎほじくり返し、残らず食べてしまう。猟期以外にも有害鳥獣駆除の許可が出て、年間を通じて狩猟されている。

昔もたいそう被害が多く、イノシシと農民との間で、生死をかけた血みどろの戦いが繰り広げられた。瀬戸内海の小豆島（香川県）では、山と耕地の間に延べ10数キロのシシ垣が残っている。対馬では、天禄年間（970～973）に始まり、10年もの歳月と延べ30万人の労力を費やしてイノシシを一掃した記録が残っている。どういうわけか最近になって、イノシシの被

イノシシのメス（？）。17年目に初めて撮影に成功した

害に悩まされている。4～5年前から各地に出没し、農作物を荒らしているという。聞いた話では、対島だけでここ数年間に数百頭もが有害鳥獣駆除で捕獲されている。

環境庁自然保護局対馬野生生物保護センターの保護増殖専門官（ツシマヤマネコ等）鑪《たたら》雅哉《まさや》氏の話では、このイノシシは、飼育されていたイノブタ（イノシシとブタの雑種）が、檻から逃げだしたものではないかと言っていた。とにかくすさまじい勢いで繁殖している。イノブタといえども、姿形はイノシシとまったく変わらない。何代も野山で繁殖していると本物の野生のイノシシになってしまう。

97年だったか、真冬の奥多摩の山小屋でのんびりコーヒーを飲んでいた時のことだった。対岸の山すそで、激しく争うブタに似た鳴き声が聞こえたことがあり、望遠鏡で見たが、姿はなかった。間違いなくイノシシだ。98年の春先は山小屋の裏山が荒らされているというので行ってみると、深さ1メートル、直径1・5メートルもの大きな穴が掘られていた。山芋掘りに来た人の仕業かと思ったが、どうも違う。掘り方が半端じゃない。ものすごい量の土があたり一面に掘り散らされ、足跡らしいものも残っていた。間違いなくイノシシだ。改めてその馬力のすさまじさに驚いた。

97年冬から98年春にかけて、奥多摩峰谷に備えた温度センサーを使った自動カメラで、若いイノシシと、巨大なオスのイノシシの撮影に成功した。17年ぶりに東京のイノシシをものにした。幸運な年だった。

ツキノワグマ（月の輪熊）

ツキノワグマの円座発見

83年10月15日、低気圧が西からゆっくりと関東地方に移動してきた。空は鉛色にどんよりとくもっている。ツキノワグマの情報をありったけ集め、初めての調査に出かけた。場所は、奥多摩の小河内峠から御前山付近の尾根すじ。午前10時頃、月夜見山近くの奥多摩有料道路（現在は無料になっている）の展望台に着く。土曜日のせいか車の通行がはげしい。ここから風張《かざっぱり》峠をへて三頭山に抜けると、尾根すじを境にして西側は山梨県になる。

山はもう秋のはじまりを告げている。山グリ、コナラ、ミズナラの実が落ち、ウルシや山モミジの仲間も、早いものは美しい紅葉に変わっていた。

ツキノワグマは標高1000メートル前後の山に生息するといわれている。それは、彼らの食生活に欠かせない山グリ、コナラ、ブナ、ミズキ等、実のなる落葉広葉樹があるからだ。

しかし、いくら歩いてもそれらしい樹木が見あたらない。こんなところにツキノワグマが生息しているのだろうか。心配しながら30分は歩いたろうか、尾根沿いの平坦なところで昼食にする。

再び小河内峠をへてゆっくり1時間ほど歩く。再び尾根沿いのやや平坦なところで、なにげなく足もとを見ると、灰色に近い乾いたものがある。それはあきらかに、獣のふんと思われる。そこからわずか1メートル先にも、食べ残しのまだ新しいホウの木の実がころがっていた。

私は瞬間、ツキノワグマの食べ残しに違いないと思った。見上げると、目の前に山グリの木が2本。そして、驚くではないか、高さ10メートルほどのところに2か所、枯れ枝が積み重ねられている。直径1メートルはあり、ワシの巣のようでもある。近づいてよく見た。

「ツキノワグマの円座だ」

思わず叫んだ。当然、木の幹にするどい爪跡が残っているはずだ。なめまわすように調べる。やはり、幹の皮がするどくえぐりとられた爪跡が、高さ1・4メートルのところから上に向かって何か所もついていた。

思わず、身ぶるいした。まぎれもない「東京の、幻のツキノワグマ」だ。

この尾根沿いをよく調べると、合計6か所もの円座（高い所の木の実を食べるのに枝を折ってその枝をお尻の下にしく）を発見。うれしさのあまり、ツキノワグマの怖さなどすっかり忘れ、夢中になって痕跡を写真におさめた。

都心からわずか2時間たらず、小河内ダムが眼下に見え、車のエンジンの音がはっきり聞こえる奥多摩で、大型獣のツキノワグマがまだ生息している。その時、思ったものだ。東京もまだ捨てたものではない。私は、「東京の幻のツキノワグマ」にはてしないロマンを感じた。そして、東京の野生動物の頂点にいるツキノワグマの撮影行がこの日から始まった。

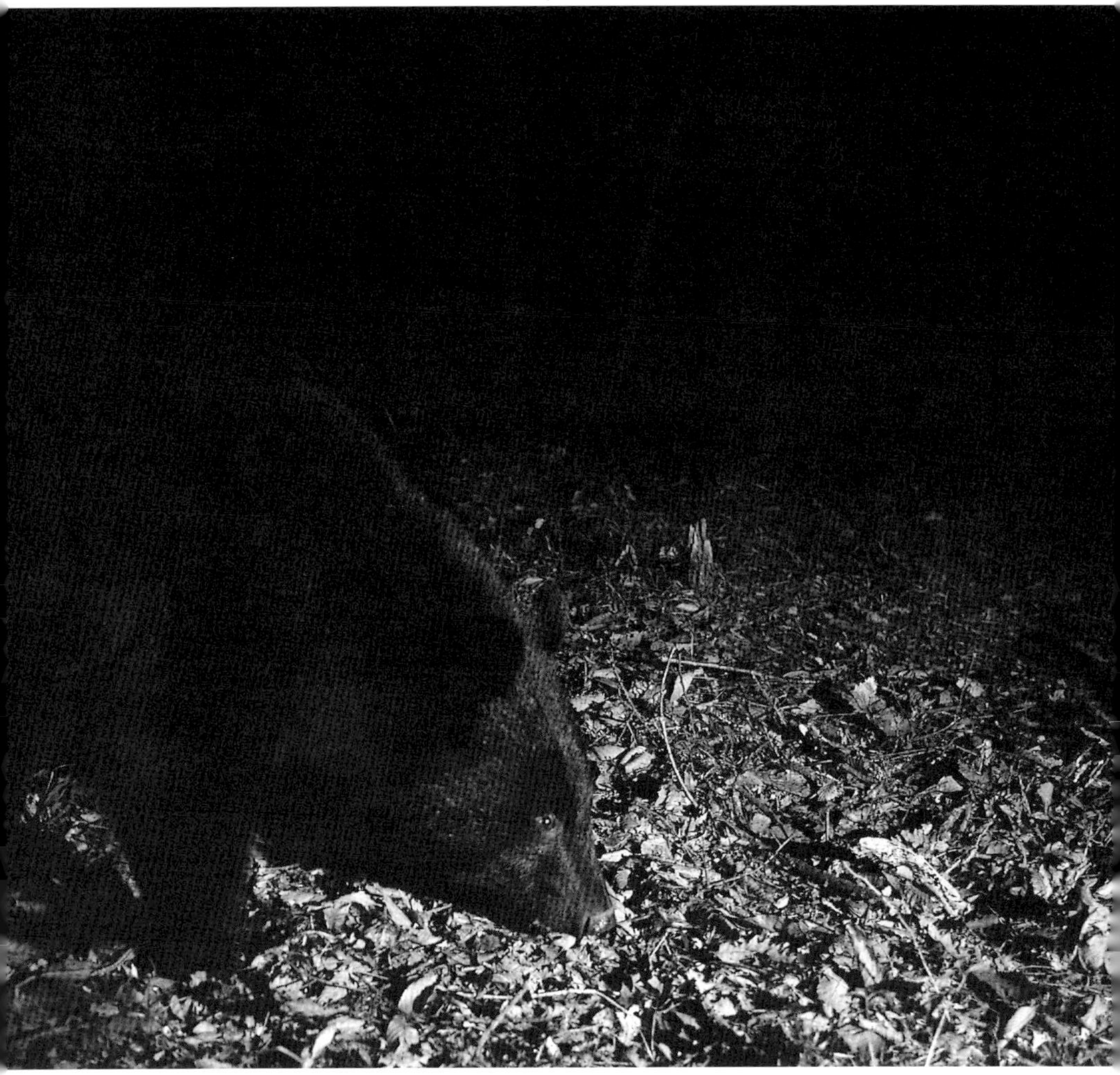

山梨県側の奥多摩で撮影（自動）したツキノワグマ

三頭山周辺、奥多摩湖の見える風張峠から小河内峠、尾根沿いを経て御前山、檜原村の浅間尾根沿いへと、ツキノワグマの姿を求めて歩き回った。

超望遠レンズにカメラを取りつけて山を歩き、ある時は、自動撮影装置（光電管装置）カメラをけもの道や山道にセットしたが、それもこれもすべて後手後手に回ってツキノワグマは撮れずじまい。自動撮影装置が故障したり、電池切れだったり、初めのうちは四苦八苦の状態が続いた。

ツキノワグマは、性格は臆病、神経質で、人間と出会うのを嫌う。普通は人の姿を見ると逃走する。ただし、子連れだったり、食事中だったり、山道での出会いがしらだったり、特別に自分の身を守るため、または、子供を守るためには、時として興奮し、攻撃してくる場合がある。

試行錯誤の末に撮影成功

97年9月11日、ツキノワグマの自動撮影の下見に、奥多摩の倉戸山（標高1169メートル）に登山した。一脚に500ミリレンズとカメラを取りつけ、汗だくで登る。急坂の続くけっこうきつい道だ。息せききって登る。あたりを見回す余裕などまったくなく、途中、動物がいても気がつかない。小一時間も登ったところで休憩する。持参してきた清涼飲料水をいっきに飲みほし、ノドの渇きをいやす。15分ほど休む。昼の12時30分頃だった。周囲は秋の気配がただよい、涼しい風が吹く。少し色づいた気の早い樹木も目についた。コナラやミズナラ、ヤマグりがたくさん実をつけているのが見える。

汗もひっこんだのでそろそろ出発と思い、カメラをかついで2～3歩歩いた途たん、びっくり仰天。前方、やや登り坂の40メートル先で、突然、真黒い大きなツキノワグマが、右から左へ駆け降りていくのが見えた。もちろん、襲われるのではないかという恐怖心はあったが、500ミリレンズをかまえて写真を撮ろうとした。しかし、ピントを合わせようとするができない。3回くらいジャンプしながら、左の斜面をあっという間に駆け降り、雑木林の中に消えてしまった。ものすごいスピードだった。

写真は1枚も撮れずじまい。情けないやら口惜しいやらで、自分を責めた。わずか3～4秒たらずだった。今まで、クマに会いたい、襲われてもいいから、会いたい、撮りたいと、いつもいつも思い続けてきた。ピンボケでも、ブレててもいい、写真を1枚だけでいいから撮りたかった。今までにツキノワグマの夢を40回ぐらいは見ている。これは本当にまじめな話である。

なんと情けないことか。現実に、目の前に夢にまで見たツキノワグマが現われたのに、撮りきれない「ドジカメラマン」ぶりは、いつまで続くのだろうか。いったい何なんだろう。素質がないのだろうか。カメラマンなんかやめてしまえ、そう言って自分を責めた。東京の野生動物を追いかけて19年近くなる。頂点にいる東京のツキノワグマを撮るために、ただひたすら追いかけてきたのに、情けない。まともにはっきりとこの目で見たのは、ただの1回きり。それだけに口惜しかった。

後で思ったのだが、あの時、ツキノワグマは餌を食べていて私が登ってきたのに気づき、木陰に隠れていたのだ。聴覚と嗅覚が抜群に優れているので、とっくに察知していたはずだ。私の動きを再度見て逃げたに違いない。

それにしても、この大きなツキノワグマは毛づやが良く、黒々と光っていた。ダイナミックで躍動的で、力強い野生を感じた。出会っただけでも私の脳裏には強烈にプリントされている。けして消え去ることはないだろう。写真は撮れていないのになぜか晴々とした気持ちでいられたのは、いったいなぜだろう。捕獲されないで長生きしろよ、油断するなよ、そう願いながら山を降りた。

それから1週間後、倉戸山の山道に1台の自動撮影装置をセットした。この自動カメラには、97年10月上旬、後ろ姿が1枚撮れていた。以前に出会ったツキノワグマかどうかは識別できないが、私は多分そうだろうと勝手に思いこんでいる。雨も降っていないのにお尻が濡れていたのが印象的だった。近くには川も何もない。やはり毛づやが良かったのだろう。

セットして2か月間、日中群れで移動するニホンザルのきれいな写真が数個体撮れていた。ハイキングコースなので、登山客が通るのは予想していたが。1本36枚撮りのフィルムは登山客が大半を占めていた。また、山仕事をしている人も時々写っていた。しかし、肝心の動物が写らない。山道にセットしているのだから、しようがないといえばしようがない。それにしてもこんなに人、人、人と写っているのにはお手上げ状態。中には20枚ほど写っている人もいるではないか。しかも、Vサインまでしている。笑うに笑えないありさま。「コノヤローいいかげんにしろ」と言いたいところだが、私が勝手に山道に仕掛けているのだから、やむをえない。

96年6月5日、奥多摩の山梨県側に自動撮影装置を作りセットする。色々と調べた結果、ツキノワグマの情報はこの周辺が一番多いので決定した。温度センサーを利用し、動物の体温を感じとってスイッチがONになり、シャッターが切れる仕組み。以前は、光電管（光ビーム）を利用して撮っていたのだが、これはロスが大きい。光ビームを遮断するものは、例えば、雪や雨から小さな虫、枯葉まで、何でも感じて作動してしまう。電池もフィルムも無駄が多い。

結局、温度センサーの撮影装置が一番効率的であることがわかった。しかしこれも初めのうちはあれやこれや失敗ばかり、落ち着くまで時間がかかった。

97年7月20日頃、自動撮影なのではっきりした日は算定できないのだが、巻き上げたフィルムを現像したところ、3枚ほどツキノワグマが写っているではないか。「ヤッター」。プロラボで思わず叫ぶ。ついに念願の写真が撮れた。夢に見るほど待ち焦がれた瞬間だ。東京でのツキノワグマの目撃例、襲われた例が、年に2～3回あるが、きちっとしたツキノワグマの写真は、まだ撮れていなかった。奥多摩のツキノワグマを追い続け、17年目にして初めて撮影に成功した。嬉しい限りだ。読売新聞97年8月14日の朝刊に大きく掲載された。

ツキノワグマ射殺事件

奥多摩の山梨県側に牧場があり、羊を放牧していた。この羊は、奥多摩町観光課と奥多摩町観光協会が町おこしのために始めたということだ。

羊を繁殖させて、その肉をバーベキュー用に、毛は毛糸にして自然の草木染めにする。この羊はオーストラリアなどで飼育されている種類で、頭の毛色が黒く、呼ぶと近づいて来る人なつこい動物だ。

97年8月18日、事件が起きた。この牧場には放牧場が2か所あり、草の生育に合わせて交互に羊を移動させていた。

牧場の周りは柵でかこい、高電圧を流して羊が逃げられないように、そして外部からも立ち入らないようしていた。太陽電池を利用して蓄電池に電気を常時流し、蓄電する。その電気を高電圧に変圧して、電気を流す。北海道の牧場などでよく行なわれている方法だ。この高電圧の柵に触れると電気ショックを受けるので、動物はそれを記憶していて二度と近寄らない。車でその近くを通過すると、ラジオに「カチッカチッ」と雑音が入り、電気が流れていることがよくわかる。

しかし、奥のほうにある牧場の柵にはなぜか高電圧を流していなかった。故障しているのに気がつかなかったのだろうか。柵を乗り越えてツキノワグマが入り込み、臆病な羊は逃げまわる。本能的に逃げる者を追いかける習性をもつ野生動物は、当然、襲いかかる。それまでに、数頭の羊が行方不明になったという。

真昼間、牧場を管理している人が目撃して通報。襲った羊を食べているツキノワグマを、猟友会の会員が、有害駆除ということで射殺してしまった。動物は一度その味を覚えると何回も繰り返し襲う。こうなるとツキノワグマはとても危険で、放っておくと人間を襲う可能性もある。やむなく射殺したことは、わからないでもない。

私は、たまたまその日、自動撮影装置のチェック（電池とフィルム）を済ませ帰る途中だった。牧場の南側の隅の方で10数人の人がロープを引っぱっている。何事かと思って双眼鏡でよく見ると、そのロープの末端に黒い物体がついている。近づくにつれ、その黒い物体はツキノワグマであることがわかった。

奥多摩町の関係者、警察官、猟友会の人たちが大勢集まっていた。外部の者にそれを見られたくなかったのか、引き上げるのをためらっているようだった。直感的に何かあるなと思った。私は、そしらぬ顔で車の中に入ったりウロウロしていたら、男の人が私のところに駆け寄ってきた。「何をしに来たのか」などと私に尋ねる。まるで警察官の職務質問だ。「動物カメラマンで、鳥獣保護員もしています」と答えた。ここから早く立ち去れと言いたかったのだろうか。私は、静かになりゆきを見守っていた。やがてその人は落ち着きを取り戻し、合図をしたのか、再び、大勢の人たちがロープを引きはじめ、無残に射殺されたツキノワグマは林道上に引き上げられた。体長約1・2メートルぐらい、体重約30キロあるかないか、性別は不明。首と足にロープがくくりつけられている。

写真を撮ろうとしたら、その人は私を制止した。当然そこで押し問答があった。私は鳥獣保護員として、担当地域外とはいえきちんと事実を押さえておく必要がある。その写真を報道関係に出さないでほしいというので、私は「動物カメラマンだし、新聞記者でもない。テレビ、新聞にも出す気はない」と話す。相手は納得し、私は写真を数枚撮る。

射殺されたツキノワグマの死体はまだ温かく、目は開いたままで生きているようだった。なんともやるせない思いだ。その顔を何回かなでてあげた。涙が出た。「理不尽な死だ」。何度も何度も思った。人間の手落ちで、電気柵のスイッチが入っていなかったばかりに、この事件が起きてしまった。可愛いそうなツキノワグマ。

町おこしのため、羊を牧場で育てて観光客を呼ぶ。これも苦肉の策だとは思うが、他にもっと良い方法があるのではないだろうか。

奥多摩では、本州、四国、九州に生息する野生動物のほとんどが確認されている。これらの野生動物や、豊かな自然を上手に利用して町おこしに役立てたらどうかと思う。確かに、野生動物の被害は、あちこちで見たり聞いたりする。しかし、その被害に対する補償、あるいは防護策を行政が徹底的に調査し援助してあげる。有害駆除だけにこだわっていては、解決にはつながらない。私は、山に入るときは必ず、鈴、ラジオ、ベアガードを持参して出掛ける。

東京の山に、ツキノワグマ、イノシシ、カモシカ、ニホンジカ等、大型の野生動物が棲んでいるなんてすごいことだと思う。私たちがまだ生まれていない、はるか昔から棲んでいる野生動物は、先住者なのだ。その住み処に人がどんどん入り込み、このような痛ましい事件が、あちこちで起こっている。理不尽な死は、避けなければならない。山紫水明、豊かな奥多摩の自然、貴重な東京の野生動物――身近な観光地として、ますます、有名になっていくことが重要だ。地元の被害ばかりを心配していると、かけがえのない奥多摩の自然は失われ、魅力のない、荒涼とした山野になってしまうような気がする。

ムササビ（鼯鼠）・モモンガ（鼯鼠）

日本に生息するムササビは、キュウシュウムササビ、ワカヤマムササビ、ニッコウムササビと、地域により呼び方が違う。げっ歯目リス科。前肢と後肢の間に皮膜がある。体長27～48センチ、尾は28～41センチ、背面茶カッ色、腹は白く、ほおに淡い斑がある。

北海道を除き、日本各地の山々の森林に生息している。夜行性で、木の芽、樹葉、花、ドングリ類、果実等を食する。朝鮮半島、中国、台湾に仲間が生息する。繁殖期は年2回で、発情期間は2～4日間といわれている。風呂敷のような飛膜を広げて滑空し、地面を歩くのはあまり上手くない。滑空距離は、普段20～30メートル。時に、谷から谷へ100メートル以上も滑空することがある。

おなじリス科の仲間にモモンガがいる。北海道にはエゾモモンガ、本州・九州にホンシュウモモンガが生息する。ムササビと比較するとずっと小さく、体長13～20センチ、尾長5～14センチ。

ムササビの滑空生活が始まったのは太古の昔で、ムササビは小型リスが進化したものという学説がある。たしかにホンドリスがジャンプして枝から枝へ飛び移る姿は、ムササビが滑空している姿に非常によく似ている。

奥多摩ではバンドリとも言い、子どもたちは、夜遊びをしたり悪いことをするとバンドリが襲ってきてさらわれるぞ、と大人たちに脅かされたという。そういえば、こういうことがあった。夜、日向和田《ひなたわだ》で山林を歩いていたら、大きなムササビが2メートルの至近距離まで飛んできて、急旋回して目の前の木の枝に止まった。完全に私に対する威嚇だった。しばらくにらみあいが続いたが、暗闇に消え去った。全身総毛立ったのを覚えている。

外国には哺乳動物で滑空するものがいる。アフリカにウロコオリス（ビーバーの仲間）、東南アジアにヒヨケザル（サルの仲間）、オーストラリアにフクロムササビ（有袋類）が生息する。それぞれ独自の滑空能力を持つ。

それにしても、樹木に激突もしないで、森の中を自由自在に滑空するなんて不思議な動物だ。どういう進化をしてきたのか、いつか調べてみたいと思っている。自由自在に滑空できる仕組みを調べてみると、実に精巧に出来ていることがわかる。ムササビの前肢、いわゆる手首のつけ根には針状軟骨《はりじょう》があり、飛行機の翼の上下についているエルロンの役目を果たしている。それを動かすことで、上下左右、自在に急転回することができる。人類が飛行機で空を飛ぶはるか前から、彼らはこの原理を使っていたのだ。驚くべきことである。

また、生態的にも不思議な話がある。繁殖期になるとメスの体調が受胎にいちばん適した時に、オスに交尾を許す。そしてオスが交尾に成功すると、精子が外部に漏れないように、ゼリー状の物質でメスの膣口を塞いでしまう。そしてまた新たに他のオスがそのメスと交尾をする時はそれを取り除き、行為が終わると再び同じように膣口を塞ぐという。これは多分、短期間

周りの様子をうかがうムササビ（檜原村にて）

にメスは複数のオスと交尾を繰り返し、確実に子孫を残すという本能的行動なのだろう。大変興味ある動物だ。

ムササビは歩くのが苦手

10数年前、高尾山のムササビウォッチングに出掛けたことがあった。初夏の頃だったか新緑の頃だったか忘れてしまったが、ちょうどムササビが繁殖期に入っていたらしく、暗闇の林(杉、檜)の中で複数のムササビが、上空20メートルぐらいのところで騒がしく追いかけっこをしているのがよくわかった。懐中電灯で照らすとその姿が見える。時々、空から薬の正露丸に似たフンが、パラパラと音をたてて頭を直撃した。

やはり同じ時期だったか、真昼の檜原村を散歩していた時のことだ。背の低い太いケヤキの木(直径1メートルはあろうか)の上下2つの穴から、なにやら動物らしい顔が2つ見えた。よく見ると、ムササビだ。むし暑いので外の空気を吸っていたのだろう。私は、あわててカメラを取りに行ったが、戻ると1匹しかいない。他の1匹は穴の中に入ってしまったらしい。残念。愛くるしい2つのムササビの顔が今でもはっきり、目に浮かぶ。夜行性とはいえ、日中も時々は行動しているのがよくわかった。

97年の中秋の名月の頃、山小屋を訪れたお客様を奥多摩駅まで送った帰り、道路上をノロノロ歩いている動物を発見した。近づいてみると、なんとムササビだった。歩くのは苦手のようだ。その時もやはりストロボがなく、車のライトで写真を撮った。近くの細い木に登ってしばらくにらめっこをしていたが、中秋の名月に誘われて、月見としゃれこんだのだろうか。

ムササビウォッチングができるのは、高尾山の薬王院周辺、御岳山周辺、奥氷川神社などだ。

また、モモンガは、後にも、先にも唯の一度だけ見たことがある。

10数年前の夏、東京の最高峰・雲取山（2017メートル）に登り、雲取山荘に宿泊。その夜、玄関入口のガラス戸の真上にあるかもいに、モモンガが出てきたのだ。以前から山小屋にモモンガがいることは聞いていたが、見るのははじめてだった。モモンガは登山客がわいわい騒いでも驚くこともなく、じーっとしている。そのポーズが、なんとも可愛い。大きな目をしてかもいにちょこんと座った姿は、ぬいぐるみのようだった。

ストロボを持参していなかったので、懐中電灯を登山客に照らしてもらって数枚撮った。赤い感じのいわゆるマゼンターがかかり、写真としてはあまりよくなかった。今考えると、タングステンフィルムを使用すればまだましな写真が撮れたはずだ。残念でならない。

ネズミ（鼠）

ネズミ類は、哺乳類の中でも一番、種類が多く、全世界では1000種類以上もいる。日本に生息するネズミは26種類。げっ歯目ネズミ科。一般的にネズミと呼ばれているものは、ドブネズミ、ハツカネズミ、クマネズミ。この3種類が人間生活に密着して、ネズミ全体の評判を悪くしているようだ。「イエネズミ」とも呼ばれる。一方、アカネズミ、ヒメネズミ、カヤネズミ、ハタネズミ等は、色がとても美しく、小さくて可愛いネズミなのだ。

ドブネズミ、クマネズミは、だいたい体長15～20センチ、尾長15～17センチ、体重は500グラムという大きな個体もいるという。アカネズミは、体長13センチ、尾長もおなじくらい、体重40～50グラム。ヒメネズミは、体長9センチでアカネズミよりひと回り小さい。顔がややとがっていて尾は体長より長い。これらは、低山帯や亜高山帯に生息している。カヤネズミ、ハタネズミは河川敷などのカヤ等が生い繁る草原に生息している。一般的に、イエネズミといわれるネズミは、大昔に船荷などにまぎれ込んで移動し、今日に至ったという説があるが、定かではない。

95年に山小屋を借りて暮らし始めたが、ネズミがいるわいるわ、いつも2ミリ大の小さな黒いフンが部屋中に落ちていた。食事の時に何回もフンを食べてしまったことがあり、あまり気

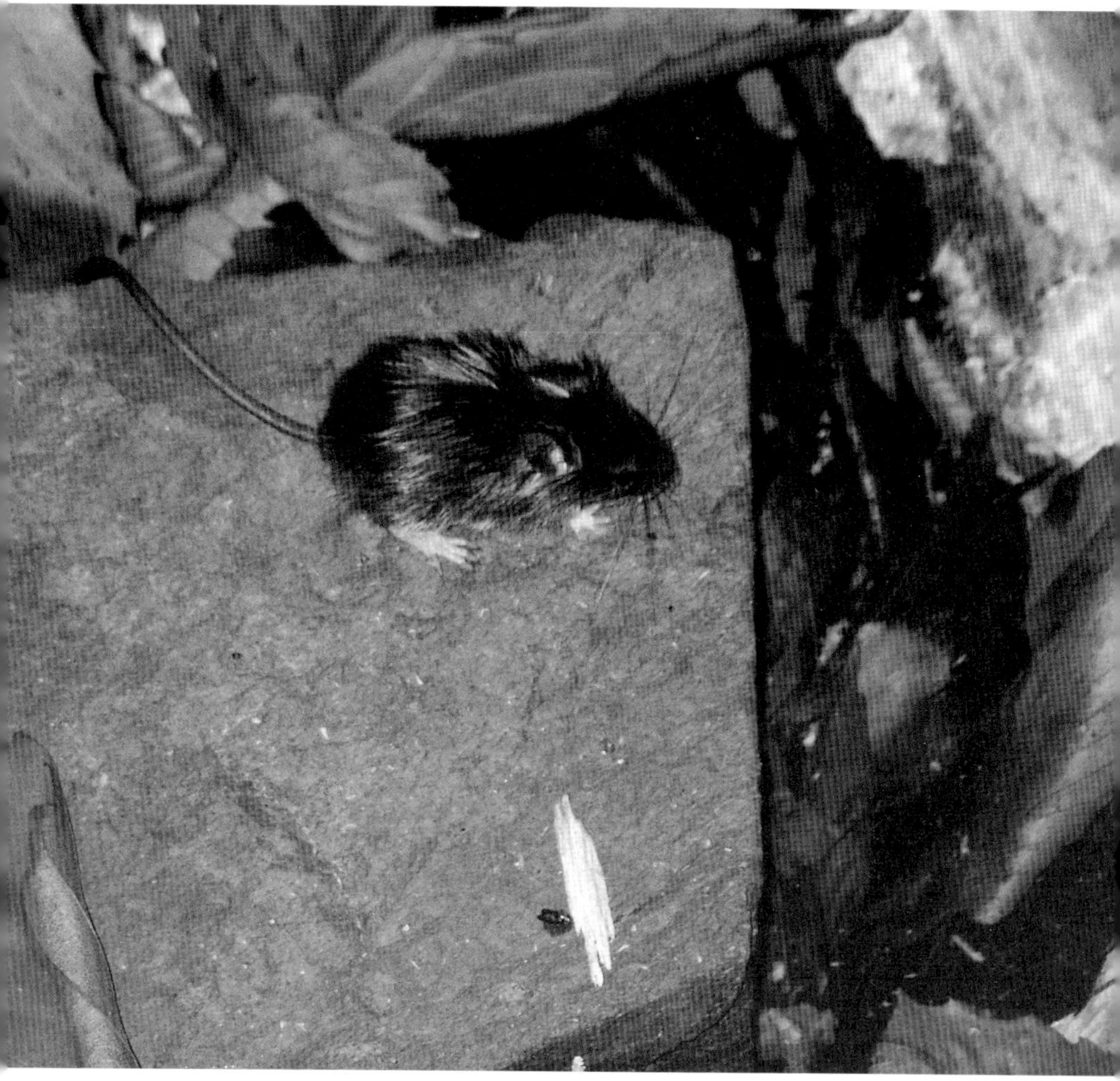

山小屋で捕まえたヒメネズメ。山に放してあげた

持ちのいいものではない。ついに捕獲器を購入、さらに専門家の使う「トラップ」も借りて、脂カス（牛、豚）を餌に常時5～6個セットした。するとたちまち朝、昼、晩と時間に関係なく、かかるわかかるわ、アカネズミ、ヒメネズミ、ヒミズ、トガリネズミと、わずか1か月の間に120匹以上を捕獲した。

人がいようがいまいが彼らはへいちゃら、バタンバタン音をたてて捕獲器にかかった。ネズミはネズミ算式に増えるというのは、本当のようだ。生まれて1か月ぐらいでもう繁殖能力があり、子を産み始める。こりないのか反省していないのか、囚われの身なのに捕獲器の中でも毛づくろいをしている。ホンドリス用に、ドングリ、マテバシイの実をカゴに入れて保管していると、その実を運んではあちこちに食べ残し、押入れ、廊下の片すみ、ベッドの布団、衣類入れ、絵かき用筆入れと、ありとあらゆるところに数個ずつ貯蔵のつもりで隠している。最近ではコンピューターのマウス（ネズミ）のコードまでネズミがかじってしまう始末。シャレにならない話である。

山小屋の2階で本書の原稿執筆中の99年9月、午前2時頃だった。誘蛾燈をつけて、ショートパンツであぐらをかいて頑張っていたところ、何やら小さな動物が左足の太股に体当たりしてきた。当たった瞬間、ゴムマリのようにはじき飛んでしまうのだが、かみつく様子はない。それをなんと3回も繰り返した。最初はビックリ仰天、2回目にヒメネズミということがわかった。3回目は、コノヤローいいかげんにしろ！　とばかり、立ち上がって原稿用紙をふりかざしたが、見ると、私の皮膚が総毛立っている。4回目はさすがに現われなかった。

ヒメネズミは、私が住んでいる山小屋「翔童」を、自分の住み処ぐらいに思っていたのだろうか。私は一週間に一度、数日泊まっては帰るのだから、よく考えてみると、ネズミたちのほうが私より年間を通じて居住日数が多い計算になる。ネズミは、「俺の住み処なのに、エラそうにあぐらをかいて何様だと思ってんだ、この野郎！」とでも思ったのだろう。体当たりしてくるのもわからないではない。なるほどそういうことなんだ。その夜は不思議な思いで床についた。明日からは、居候《いそうろう》の気分で山小屋に泊まらせてもらうことにした。

私が中学生の頃だったと思う。我が家は古い木造建築で、天井裏では毎夜、ネズミの追いかけっこ。騒がしくて寝られなかったのを思い出した。あまりにネズミの横暴が続いたので、ある時、台所の片すみにあるネズミ穴の前に餌を置いた。魚を突く水中モリで、ネズミが現われたところを突くことを考えたのだ。穴の出口と私の距離は約1・5メートル。モリは、ゴムをめいっぱいに引き発射寸前にしておく。あぐらをかいて待つこと数時間。ついに現われたところを、頭めがけてモリを離す。命中した。ネズミはもがき苦しんで、チューチュー鳴き、数分後息絶えて死んだ。3～4匹殺したのを記憶している。今思えば、ずい分残酷なことをしたものだと悔悟の念にかられている。

この時も不思議な体験をした。それは、ネズミを殺して数日してからのことだったが、押入れの中の私の衣類だけが、ネズミによってボロボロに食いちぎられているのを発見した。私はびっくりしておふくろにそのことを話すと、それは殺されたネズミの子か親が、私の匂いを覚えていて敵討ちのつもりでやったのではないか、と言っていた。そのネズミは、クマネズミだったように思う。

山小屋の中はネズミの巣も同然で、それを捕食するヘビもだいぶ侵入しているらしい。借りたての頃は、2階のかもいにアオダイショウの抜けがらが垂れ下がっていた。2メートル弱はあったろうか。ベッドの真上だった。また、めずらしいシロマダラヘビも見たことがある。99年夏、一週間ぶりに山小屋に来た。1階の雨戸を開け、2階の雨戸を開けようと階段を登りきると、目前にアオダイショウらしい大きなヘビが、カマ首をもたげ、口を大きく開いて私を威嚇しているではないか。ぶったまげて階段をあぶなくころげ落ちるところだった。私はヘビ年なのにどういうわけか、ヘビは苦手なのである。

イタチ（鼬）

日本には、ニホンイタチとチョウセンイタチが生息する。前者が、北海道から九州、屋久島に生息し、後者は長崎県対馬、最近では九州、四国、本州に侵入、繁殖し勢力を伸ばしている。

ニホンイタチは、平野部や低山帯に生息。体長オス30〜37センチ、メス20〜26センチ、体重オス300〜650グラム、メス115〜180グラム。オスとメスは大きさが倍も違う。体色は赤褐色か暗褐色。ネズミや昆虫等を食べる。

チョウセンイタチは、平野部や低山帯、川沿い、海沿いに生息する。体長はオス33〜44センチ、メス13・5〜18センチ、体重はオス460〜1040グラム、メス220〜410グラム。体色は黄色か褐色。ネズミや昆虫等を食べる。

「イタチの最後っぺ」という言葉をよく耳にする。敵に追い追いつめられて危険を感じたとき、追いはらうために相手に一発かませることをいう。この最後っぺは、実は「おなら」ではなく、臭い黄色い液体を放出することだという。とても匂いの強いもので、一度その匂いがついたら何回洗っても何日もくさみがとれない、始末の悪いものだ。

しかしこの液状の黄色い分泌物は、匂いは強烈だがイタチどうしは平気だ。むしろ繁殖期にはこれが必要で、性的なコミュニケーションに役立っているらしい。

以前、私はツシマヤマネコの撮影で毎年対馬に行っていた。そのツシマヤマネコの撮影には、生き餌のニワトリを使っていた。このニワトリは廃鶏《はいけい》で、いずれ殺されてしまう身なのだが。

ある時、養鶏場で廃鶏を4羽ほど購入し、ニワトリ小屋を作って餌を与え、数日間飼育をしていた。真冬の寒い早朝、餌と水を与えるためにニワトリ小屋に行った。なんと、驚くことがニワトリ小屋の中で起きていた。4羽のニワトリはことごとく殺され、しかも、頭部がすべて食いちぎられ、その頭部もなくなっている。小屋の中にはニワトリの羽がメチャメチャに散乱していた。その時、上半身総毛立ったのを覚えている。何者の仕業だろう。どこにも小屋が破られた形跡はない。不思議で、キツネにつままれたような感じだった。しかしよく見ると、小屋の隅の方に、外からあけられた小さな穴がある。

ツシマテンか、それともツシマヤマネコかと色々想像したが、穴が小さすぎて入れない。残る犯人はチョウセンイタチしか考えられない。はっきりと断定できないが、有力容疑者にあげられる。

イタチの仲間は、かわいい顔からは想像もつかない凶暴性があり、ニワトリ小屋などへ入りこみ、手当りしだいに首にかみついて、必要がなくとも殺してしまう残忍さを持っている。そんな話を小さい頃に父親から教えられたのを覚えている。

また、イタチはネズミ類が好物。外国にこんな話があった。旧ソビエト連邦で、1匹のイタチが1年間にネズミを3000匹も食い殺した記録が残っている。ネズミがこれを聞いたら、さぞビビってしまうだろう。

用心深く姿を現わしたイタチ（檜原村・小坂志林道にて）

モグラ（土竜）

モグラには、アズマモグラ（固有種）とコウベモグラの2種類がいるが、普通モグラというとアズマモグラのことをいう。氷河時代に大陸から渡って来た大型のコウベモグラを追い払い、関東地方にも進出。一部の地域では、両種がはげしく戦いながら共存している。

アズマモグラは、主に本州中部、神奈川、山梨、長野、石川各県に分布するが、その他の地域にも点在する。低地から山地に分布し、水田、草地、畑等に多く見られる。日本固有種で、体長12～16センチ、尾長1・4～2・2センチ。平野部で大きく、山間部で小型化する。昆虫、ミミズ等を餌にする。

コウベモグラは、神戸土竜と書く。静岡、長野、石川の各県を結ぶ以南と四国、九州に分布。水田地帯や草地に多くみられる。また、朝鮮半島、中国東北部、シベリアの日本海沿岸にも分布。

体長12・5～18・5センチ、尾長1・4～2・7センチ。大きさは地域によってかなり異なり、北方のもののほうが体が大きい。広い平野部に生息するものも大きい。餌は、アズマモグラに同じく昆虫やミミズを好んで食べる。

モグラの仲間は、シャベルのような円盤状の手（前肢）を回転させてトンネルを掘る。体毛は柔らかくビロードのように美しい。骨盤は小さく、狭いトンネル内でUターンするのも容易だ。

農家が嫌うモグラ塚。草地や畑のあちこちに直径30センチ、高さ10センチほどに土が盛り上がっている。そのため作物を荒らすので嫌われものになっている。このモグラ塚は、モグラが行動範囲を広げようとトンネルを掘ったり、勢力を拡大する時につくられるという。1つのトンネル組織に1頭のモグラが住んでいる。モグラ塚の近くには、トンネルが必ず四方につながっており、そこは、土が盛り上がっていてわかりやすい。

モグラは昼夜関係なく、餌を食べては休むを繰り返し、活発に動きまわっているため、カロリーを特別に多くとらないと体がもたない。半日も餌を食べないと死んでしまうということだ。

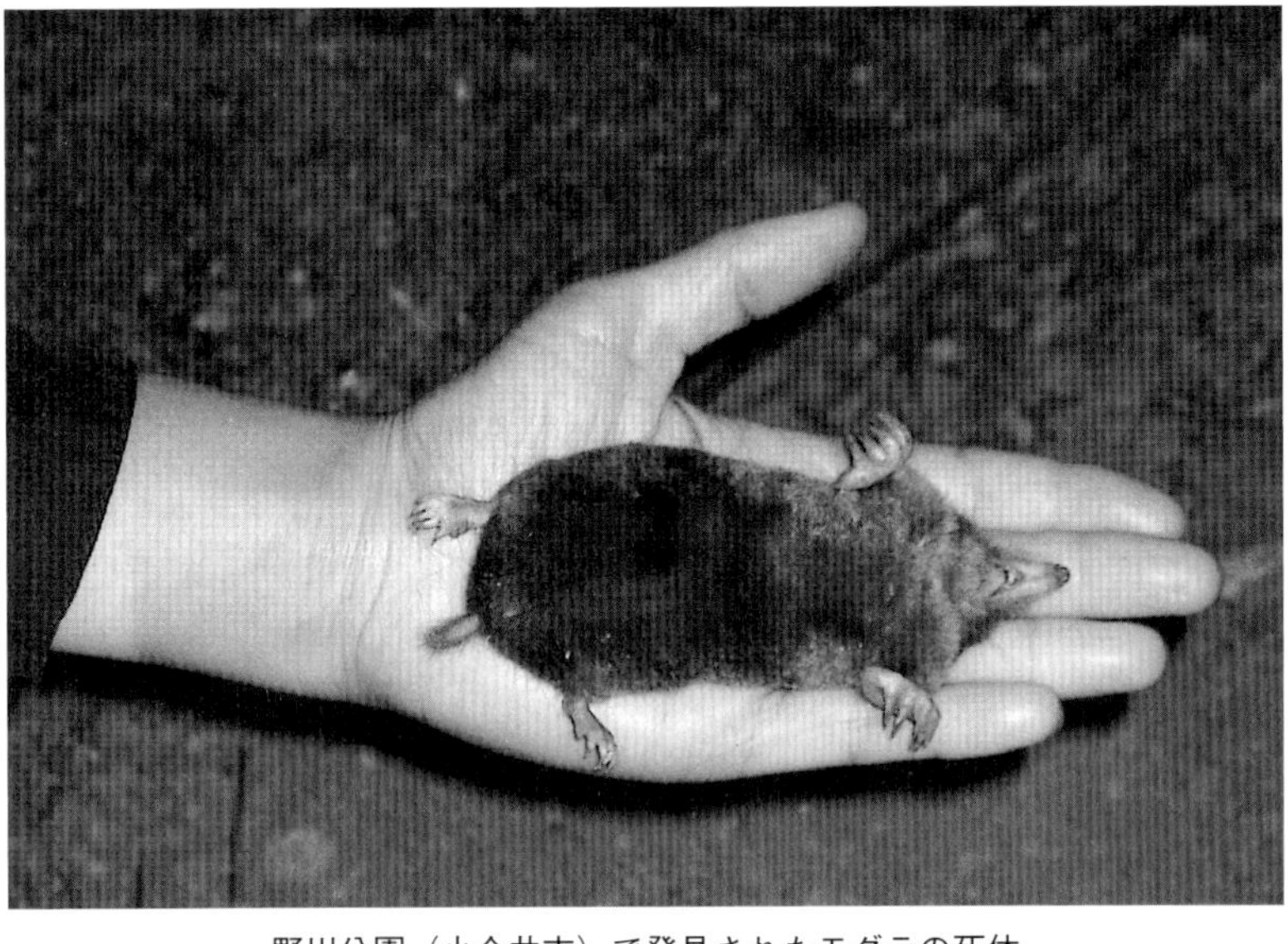

野川公園（小金井市）で発見されたモグラの死体

私は2度ほどモグラの死体に出くわしたことがある。

ツシマヤマネコの撮影の帰りに必ず寄ってくる場所（ニホンカワウソの情報が多い高知県土佐清水、新庄川、四万十川周辺）がある。その土佐清水市の山道沿いにモグラの死体があった。今思うとコウベモグラだったのだが、アスファルト道路上で仰向けになって死んでいた。モグラ塚から飛びだして餌さがしをするうちに元の穴に戻れなくなり、さまよい歩くうちに餓死したか、衰弱死したのだろうか。

2つ目は、東京小金井市の野川公園内の草地で、しかも数か所のモグラ塚があるにもかかわらず、そのすぐそばで死んでいた。これは春先だった。

同じ食虫類でヒミズがいるが、奥多摩の山岳地域（山道）での撮影下見中にあちこちで死体を見ている。こちらのほうは冬がほとんどだった。

冬に穴から出てくるということは、地面が凍結しているのだから自殺行為に等しいと思うのだが、一体なぜなのだろう。食虫類が死体で発見されるのには、何か原因があるのだろうか。ちなみに、アカネズミ、ヒメネズミの死体が発見されるのは山道沿いで、道路沿いでは一度も見たことがない。

ノウサギ（野兎）

日本には、2種類のノウサギが生息する。トウホクノウサギ（東北、関東北部、中部地方、中国地方の日本海側および山地）と、キュウシュウノウサギ（関東東部・南部、四国、九州、中国地方、福島県東海岸沿い）だ。他に、新潟の佐渡にサドノウサギ、島根県隠岐にオキノウサギの亜種が生息する。北海道にやや大型のユキウサギの1亜種、エゾユキウサギが生息する。ウサギ目ウサギ科。

ほかにウサギの仲間ではナキウサギ（氷河期の生き残りと言われている）が北海道に分布。アマミのクロウサギ（特別天然記念物。古いタイプのウサギ）は奄美大島と徳之島に生息分布している。また、カイウサギ（ヨーロッパアナウサギの家畜化したもの）が野生化し、各地で繁殖が認められている。沖縄の八重山諸島嘉弥真島が有名なところ。

ノウサギは、身を守ったり敵を攻撃する武器は持っていないが、聴覚が抜群に発達していて、小さな物音でも敏感に聞きとることができる。しかも駿足で俊敏、そう簡単にはつかまらない。天敵はワシ、タカの仲間やフクロウ等、哺乳類ではキツネ、テン、イタチ、野犬等。

私が初めてノウサギを見たのは、大学2年生の時だから今から40年近く前、川崎市黒川の低山帯の雑木林だった。その頃私は、学費をかせぐために柿生小学校黒川分校の警備員をしていた。その裏山だった。散歩していたら突然、前方30メートルぐらいのところから、バシッ、バシッというするどい音が聞こえた。見ると、1mぐらい飛び上がりながら逃げていく姿があった。すごいジャンプ力だな、と驚いた。春先だったと思う。

それからノウサギをつかまえようと、箱ワナを作って中にニンジン等を入れてみたが、ことごとく失敗。今思えばずいぶん単純な発想だった。かかったのは、アカネズミが1匹。しかも箱から脱出しようと必死に箱ワナをかじった跡があり、精根つきはてて死んだものと思われる。

奥多摩の天祖山（1723メートル）の山道沿いに、83年の初夏、光電管でセンサーが働く自動カメラをセットした。もちろん大型獣のツキノワグマを撮影するためだ。この辺りはツキノワグマやカモシカ、ニホンジカの情報が多くあった。1週間後、フィルムと電池をチェックするために再び行った。数枚作動していたが、現像したフィルムには、ツキノワグマではなくノウサギ（キュウシュウノウサギ）が2～3枚写っていた。私が驚いたのは、こんな標高の高いところにもノウサギが生息しているということだった。

写真を始めた頃は、野生動物の生態行動の不勉強もあり、予想もしていないことが度々起きた。野生のノウサギを手持ちのカメラで撮影したことは、今だかつて一度もない。山道を歩いている時に突然、足元から飛びだしことがあっても、あまりの駿足でなかなか撮れない。この定点撮影の場所で、早朝に一度だけ目視撮影中にうっかりよそ見をした時、駆け抜けていく後ろ姿を見た。自動に切り替えておけば写ったのにと残念な思いであった。

自動撮影でとらえたノウサギ（奥多摩・天祖山にて）

ヤマネ（山鼠）

げっ歯目ヤマネ科、一科一属一種、国の天然記念物。地方によってはタコネズミ、マリネズミ、コオリネズミとも呼ばれている。本州、四国、九州の低山帯から亜高山帯の森に生息する。夜行性だが、日中も時々活動している。体長7～8センチ、尾長4～5センチ、体重15～20グラム。雑食性で、木の芽や実、昆虫等を食べる。6月から7月に3～7匹の子を産む。ヤマネは、ヤマネズミがなまったものといわれ、「冬眠鼠」とも書く。気温が6～10度になるとボールのように体を丸めて冬眠に入る。冬眠期間は11月半ば頃から3月くらいまで。

今から20数年前の話になるが、私は南軽井沢の別荘販売・管理の会社に勤めていた。ある初夏の朝、管理の担当者数人と別荘に異状がないか点検に出かけた。一軒の別荘の中が騒がしいのでのぞいてみると、鳥の巣のような物の中に、ネズミらしい小さな動物がいて逃げようともしない。その下に生れてまもないと思われる赤ちゃんが、5匹もいたのである。その家の人がそれを捨てようと話していたのだ。「待って下さい」と声をかけ、よく見るとヤマネだった。

驚いたことに、体長2センチたらずの赤ちゃんヤマネに、母さんヤマネが覆いかぶさるようにしている。必死に子を守ろうとする母性愛の強い姿だった。私は感動した。このまま捨てられたら、親は逃げて助かるかもしれないが、赤ちゃんヤマネ5匹は確実に死んでしまうに違いない。私が引き取り、めずらしい動物なので新聞社に連絡し、記事にしてもらった。

ところが、その時私はヤマネが国の天然記念物とは、まったく知らなかった。この新聞記事が問題になった。鳥獣保護法では、捕獲も飼育も一切禁止されていたのだ。数日して東京都の鳥獣保護係から「あなたがしていることは法律違反ですから出頭してください」と電話があった。可愛いヤマネ親子のことを思って保護したのに裏目にでてしまった。保護係は始末書を書きなさいという。私は猛反発、ヤマネの命を救うためにしたことがなぜ悪いんだ、と大声でどなったのを覚えている。結局、「命が助かったのだから」としぶしぶ始末書を書いてひきさがった。

ヤマネは多摩動物公園に引き取ってもらった。2か月後、息子たちと多摩動物公園に行ってみると、ヤマネの赤ちゃんは立派に成長し、

ムラサキシキブの実を食べるヤマネ

飼育小屋の中を元気に飛び回っていた。私は安堵感を覚えたが、鳥獣保護法に矛盾を感じながら動物園をあとにした。

不思議なことに、私は今、東京都の鳥獣保護員をさせていただいている。

84年頃、ツキノワグマの自動撮影をするために、風張峠から小河内峠を経て御前山の尾根沿いの何ケ所かに仕掛けをし、カメラをセットした。

秋もまっさかりのある朝、小河内峠を息せききって登っていた。前方の背の低い木の枝に、鳥でもない茶色っぽい動物のようなものが見える。静かに近づいて見ると、ヤマネだ。しかもそのヤマネがムラサキシキブの紫色の小さな実を一生懸命食べている。偶然も偶然、こんなことってあるのだろうか。願ってもないシャッターチャンスだ。中望遠レンズ（50～300ミリ）で、バチバチ撮る。まだ相手は気がついていない。何枚シャッターを切ったか覚えていない。無我夢中とは、正にこのことだろう。もっと、もっと、と切っているうちに接しすぎてしまい、ヤマネはとうとう気がつき、あっという間に森の中に消え去ってしまった。

ツキノワグマという肝心の被写体は撮れずじまいだったが、副産物としてヤマネが撮れたことは、大きな喜びだった。こうして動物写真の撮影には、偶然の出会いが多いことも少しずつわかってきた。

冬毛のテンは本当に美しい

野生動物と私

山小屋「アトリエ翔童」

私の山小屋「アトリエ翔童」は東京都西多摩郡奥多摩町天女久保《あまめくぼ》というところにある。以前はここにも集落があり、ここから1キロほど離れた所にも三ノ木戸《さんのきど》という集落があった。

その家は30年ほど前まで人が住んでいた古い住宅で、初めて見に行った時は住める状態でなかった。外観はまずまずだったが、床は落ち、畳は腐っていて、階段を上がると家全体が揺れる。2階では、ヤマコウモリのものだと思うが、5か所もフンが堆積して20センチもの高さになっている。正直言って無理だと思った。

しかし、何より周りの景色が抜群に良かった。日当たりの良い南斜面にあり、自然林と杉や檜の植林帯に囲まれていて緑がいっぱいだった。林道沿いで車で行くのに都合がいい。水もある。家賃もほどほど。これから先、これだけの条件でほかに見つけることは不可能だと思った。崩壊寸前の家には躊躇したものの、借りることにした。

家主は林業を営む村木福之助さん。氷川国際ます釣場の責任者でもある村木さんは、人望があり、奥多摩町では誰もが知っている。写真がとても好きな人で、奥多摩写友会の会員でもあり、私とも気が合った。こうして、トントン拍子に山小屋の夢がかなうことになった。畳替え、壁紙の張り替え、塗装、大工工事をして、住めるようになるまで2か月近くかかった。ようやく工事が終わり、私は週に3～4日のペースで通い始めた。

住んでみると、この家に先に住んでいたアカネズミやヒメネズミがあちこちで悪さ（？）をする。家の周りには夏になると、ヘビやトカゲやカエルが出るし、昆虫ともなるとブユ、アブ、スズメバチ、チョウチョのほか、名も知らぬ様々な虫がやって来る。夜の山小屋にはガ、カ、シロアリ、ムカデ、ゲジゲジ、大きなクモ、ザトウムシなど。さらに水道の蛇口からは2センチくらいの真っ黒なヒル、20センチくらいのそうめんのような白っぽいイトミミズが出てきたりもする。雨の降る日に、30センチもあるオレンジ色と黒っぽい縦じま模様の大きなヒルが、ミミズを食べていたことがあった。林道上では、1・5メートルもありそうな見たこともない大きなヤマカガシが、ヒキガエルを飲み込むところに遭遇した。

秋から初冬にかけて、カメムシが一斉に入り込んでくる。それは半端な数ではない。ふとんから衣類、寝袋にまで、暖かい所をめざして越冬をきめこむのだ。カメムシは強烈な匂いをぶっぱなす。カメムシの匂いで寝られない夜がしょっちゅうあった。

夜ともなると得体の知れない音がする。大きい音、小さい音、天井裏を動物が走り回っているのか、座敷童《ざしきわらし》か、はたまたお化けが出たのかと思ったりもする。怖いので、ベッドの脇にはいつもナタを置いている。外ではシカがピョーとかん高い声で鳴いている。私も負けずにシカの鳴き声をまねた口笛を吹いて、しばらくやりあう。まるで対話でもしているようで、いい気分だ。フクロウも鳴く。トラツグミも鳴く。ヌエの気味悪いピーピーという声が、遠くに近くに聞こえる。テンどうし争う激しい鳴き声が聞こえる。こんな時、私はまったく無視される。

このシカ、餌の不足する真冬は、私がリスと野鳥のために餌台におくパンをちゃっかり横取りしてしまう。また大事に育てている畑の野菜や庭のナンテン、バラの葉から花まで全部、丸坊主にしてしまう。コンチクショーと思うが、なぜか追い払う気にはなれない。

4年半という年月にはいろいろな経験と素晴しい出会いがあった。標高700メートルの山小屋は、初めは私を受け入れてくれなかった。得体の知れない恐怖感に襲われることがあった。容易に打ち解けることのできない自然の怖さも知った。が、何回か通って暮らす時間が長くなるにつれて、徐々に私のかたくなな気持ちがほぐれ、自然に譲歩することができるようになった。自然も野生動物たちも山の神様も、私を歓迎してくれているように思えてきた。幸せなことである。何ものにも代えがたい。お金では買えない宝物だ。

人と野生動物のボーダーライン

私が東京の野生動物の定点撮影にこだわるのは、野生動物と人間の生活のボーダーラインにおいて、何種類の野生動物がどのくらい行き来しているか知りたかったからである。何よりも、数が少なくなってきた東京の野生動物たちの記録を残したかったのである。

かつて、山小屋のある天女久保と峰畑には数軒、ここから南西へ1キロ離れたところにある三ノ木戸には7軒、また、東の方にある峰には10数軒の集落があったが、いずれも住民は徐々に下におりていってしまい、1970年頃にはどの集落にも住む人がいなくなった。電気のないランプ生活が長く、通学、買物、通院等々、日常生活は不便で大変だったに違いない。仕事といえば、林業関係や炭焼き、土木建築関係だった。山小屋の持ち主の村木福之助さんは林業者として働き、畑を耕作し自給自足の生活をしていた。

村木さんは当時を振り返り、シカなどの野生動物はほとんど見たことがない、と言っていた。40～50年前までは、まだかろうじてその棲み分けのバランスがとれていたのではないだろうか。現在、杉や檜の人工林の増加、自然林の減少が日本全土で問題になっている。それと同時に住宅開発、山砂利の掘削、林道工事等が、野生動物たちの聖域にじわじわと押しよせてきている。当然、自然林の減少は野生動物の餌の減少へと必然的につながった。

第2次世界大戦終結後、住宅不足の解消が急務とされて各地の山で杉や檜の植林が進められ、山林業者、材木商、建築関係者は一時的に景気がよくなり繁栄の時期があった。が、それもそう長くは続かなかった。徐々に安い外国の材木の供給が増加して、国産の木材の需要が減少し、林業関係者をおびやかしはじめた。そして植林された杉や檜は間伐や枝打ちをされなくなったため、林内は荒れて雑木や下草が生育しなくなった。

ノウサギ、ノネズミをはじめシカやカモシカなどの草食動物は、植林された幼樹の皮や新芽を食べてしまい、さらには人里まで降りてきて畑を荒らしてしまう。林業者が被害届を出すと、有害駆除の許可は実に迅速に都知事の名前で発行され、猟友会のハンターが出動して、高性能の銃や無線、優秀な猟犬を駆使した狩猟が開始される。シカや野生動物たちは林内を追いまわされ、無差別に、ひとたまりもなく射殺されるのだ。

害があれば駆除するでは解決にはならない。昔は、自然がはっきりと線引きされ、野生動物たちは棲み分けていたはずだ。里山は、かつては炭焼きや間伐のため常に人が入っていた。野生動物も、その人間の領域にはあまり踏み込まなかった。野鳥は、その場所が棲みづらくなったら飛んでいってしまえばいいが、四つ足の野生動物の場合はそうはいかない。

人間と野生動物の棲み分けは年々むずかしくなっている。好むと好まざるとにかかわらず、人間も野生動物もボーダーラインを行き来せざるを得ない。近年、よくいわれるようになった野生動物との共存、共生であるが、学術調査のような生息数の把握などではなく、私は、自分の目で野生動物の生き様を「実感」することの手はじめとして、定点撮影を試みたのである。

野生動物を愛し、敬う思想の原点を考える

私は、野生動物、特に絶滅に瀕している野生動物、地域的に個体数が少なくなってきた野生動物にこだわって、事実の記録を写真に残すことに取り組んできた。20年近くなろうとしている。その野生にこだわって、写真で何を表わすか、何を撮るか。

それは、自然を愛する、野生を敬うという思想を原点に、自然をまるごと肯定する心のあり方が一番大切だということなのだ。そしてその事実と原点のものの考え方を、写真という手段を使って記録に残す。東京の野生動物が、まだ確かに生きている。ツシマヤマネコがまだ10頭たらずだけれども、したたかに生きぬいている。その現実を写真に撮り記録に残したい。

日本人は、本当に自然が好きかといえば、私はそうは思わない。自然の中から都合のよいものだけを取り出して、美しく再構成しているような気がする。「花鳥風月」「季語」「花札」などだ。また、話は本分から離れてしまうが、日本人は昔から死というものを美化する傾向がある。「侍の切腹」「特攻隊」などである。

数年前の夏、動物写真家の星野道夫さんが、テレビ取材中、ロシアのカムチャッカ半島でヒグマに襲われて悲惨な死を遂げた。しかし、事件の裏にあるものは詳しく報道されていない。野生動物の保護・管理体制、エスカレートするマスコミによる報道合戦、彼はその犠牲者だった。彼とは、アラスカ取材中何度か共にキャンプした。惜しい人をなくした。また、冒険家の植村直己さんは、私の人生に少なからず影響を及ぼした人で、私自身、大のファンだった。アラスカのマッキンリー山で、やはりテレビ取材のための登頂後に遭難死している。やはり彼も、報道合戦の犠牲者だと思っている。いずれの死も、マスコミは美化してハイエナのように群がり、利潤追究を繰り返していた。命の尊さを根本的に考え直す必要があると思う。現在の日本社会の縮図のような気がする。物質文明が優先されて、精神文化が極端に遅れている。

また、日本の森林は、地主が所有するのは土地と木であり、そこに棲む野生動物たちは無主物とみなされ、誰のものでもないかわりに、誰も野生動物の存在に対して責任を負わなくてもよい。したがって、野生動物が所有者のある木や物に害を与えると、駆除されるのが正義として通っている。果たして有害ならば駆除していいのだろうか、我々人間もまた有害なのではないだろうか。いやそんな生易しいものでなく、地球上で最悪の有害動物なのかもしれない。

しかし、近年〝共存〟とか〝保護〟とかいわれるようになった。有害なものでも数が少なくなるなら保護しようというわけである。しかしそれに伴って、森林の所有者の中に、野生動物に対する憎しみのようなものが生まれたことも事実だ。被害は損害につながるからだ。保護とか共存は表面的な行為にすぎず、個々の人々の野生を愛する、自然を愛する気持ちがなければ、それらの行為の透き間に憎しみや悪意が入り込んでしまうのだ。

〝生きる〟とは、自分で生活を維持することだと思う。野生動物は、自分の力で餌を探し食べて生きている。動物園の動物、家畜、ペット、さらには人間も、もともとは野生だったはずだ。自然という大きな入れ物の中で、ひとつひとつの個体が自分の力で必死になって生きようとする姿は、私は、まるごと肯定したい。それが本当の愛なのである。ペットだから、動物園の動物だから、などと区別をするのは間違っていると思う。

自然科学では数量化してしか表現できないものを、感情に置きかえる芸術は他にもあるが、写真のもつ大きな意義は〝事実の記録〟である。この〝事実の記録〟は被写体である野生動物そのものであるが、愛と敬意を持って取り組むことで思想は確立できると信じる。

定点撮影の意義

定点撮影の意義とこだわりは前述した通りだが、環境を一定にすることで、ボーダーライン上をどれだけの野生動物がリラックスして行き来することができ、また個体識別も可能になり、観察、撮影が自由にできるということなのである。そこで野生動物と自分との間で個として相互に認識しあう関係が成り立つ。そこからまた、感情移入がおこる。

例えば、あの子ギツネは最近来ないがどうしたのだろうか、病気になったタヌキは治っただろうかと心配になる。そしてまた、ある山道を通過したり、餌場に集まる複数の動物たちの行動が、そして行動の目的が観察できる。また、連続して観察しているので様々な生態がみられる。野生動物から見た人間の世界への思いとは、人間から見た森の野生動物たちの生活はどのようになっているか、色々と想像をかきたてられる。

定点撮影の方法

山小屋の標高は700メートル。北側は急な斜面で、30メートルほど登ると山道があり、シロガシ、ヤマザクラの木が左右に立ち上がっている。そこを「けもの道」の撮影場所に決定した。日当たりはあまりよくないので、林床にはあまり植物が生えていない。動物がよく利用している痕跡（フン、足跡等）があった。

自動撮影装置は次の2種類を作った。

一、光電管撮影装置

光電管を利用したもので、発光体と受光体があり、そこに光軸を合わせる。前を動物が通過して、光軸を遮断すると、電流が流れスイッチがONになる。そしてストロボとカメラのシャッターが同時作動する仕組みになっている。

〈長所〉①瞬間に作動する。

②正確に被写体を撮る。

〈短所〉①発光体（9V）受光体（9V）の電池が長時間もたない（2〜3日）。

②フィルムの無駄が多い。

③光軸を合わせるのが難しい。

④雨天に弱く、誤作動が多い。

二、温度センサー撮影装置

温度センサーを利用したもので、体温のある動物等がその前を通過するとセンサーが感知し電流が流れてスイッチがONになり、同時にカメラとストロボが作動する。

〈長所〉①フィルムの無駄が少ない。

②長期間作動が可能。

③セットが光電管装置より簡単。

〈短所〉①反応が遅いためチャンスを逃がしやすい。

②センサーの感知角度が広い。

③雨天、湿度に弱い。

その他、肉眼による撮影装置（遠隔操作による撮影）というものもある。自動撮影装置のカメラ側に差し込んである端子を抜きとり、ワイヤレス（遠隔操作）の受光体の端子をカメラボディに差し込む。それと同時に、部屋から見て撮影するために、けもの道にビデオカメラをセットして、映像を送る同軸ケーブル（約30メートル）を山小屋まで引き込み、テレビに接続してビデオに切り替えて見ながら撮る。

〈長所〉①見ながらにして良い場面が撮れる。

②フィルムの無駄がない。

自動撮影装置

①光電管撮影装置

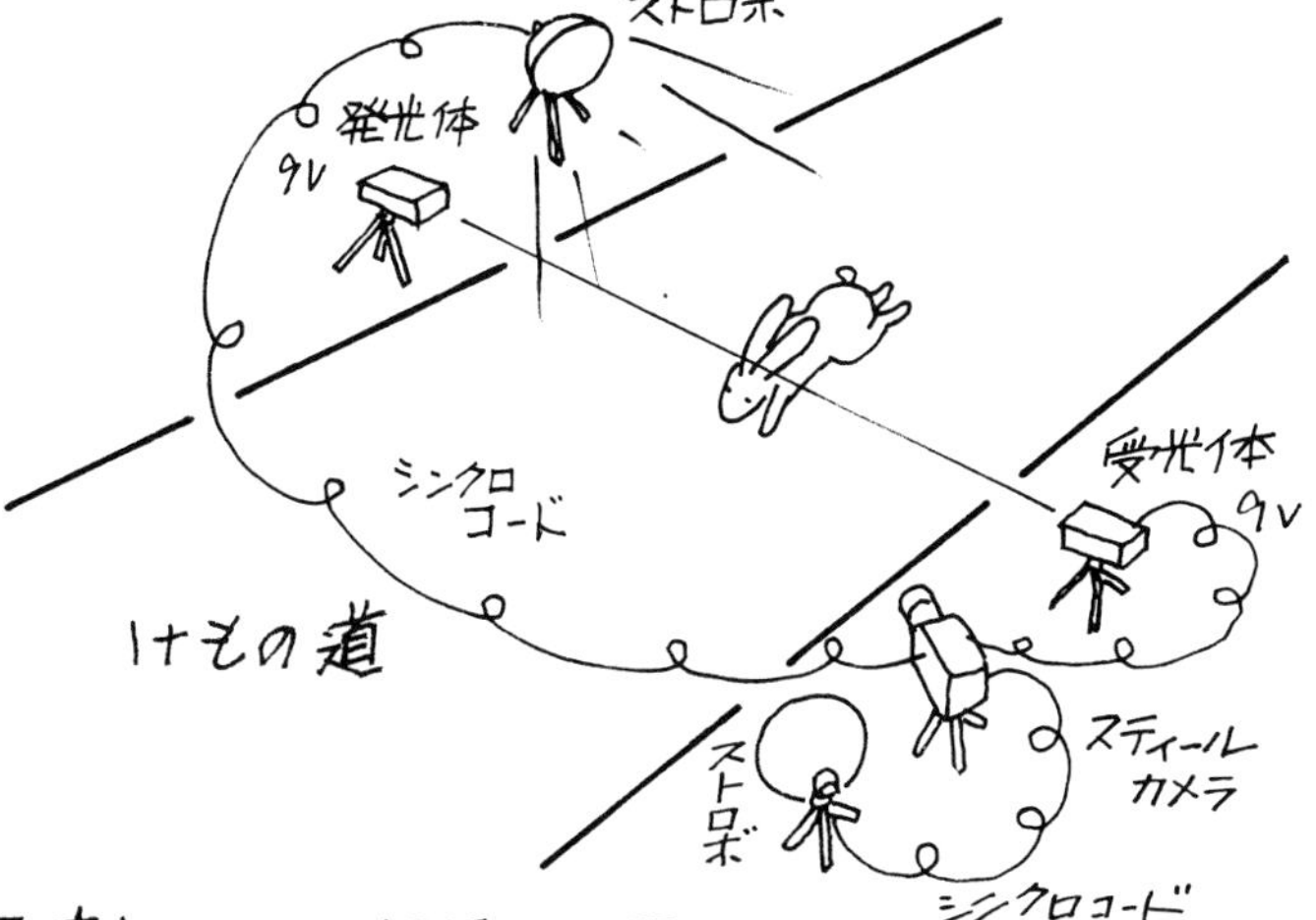

②温度センサー撮影装置

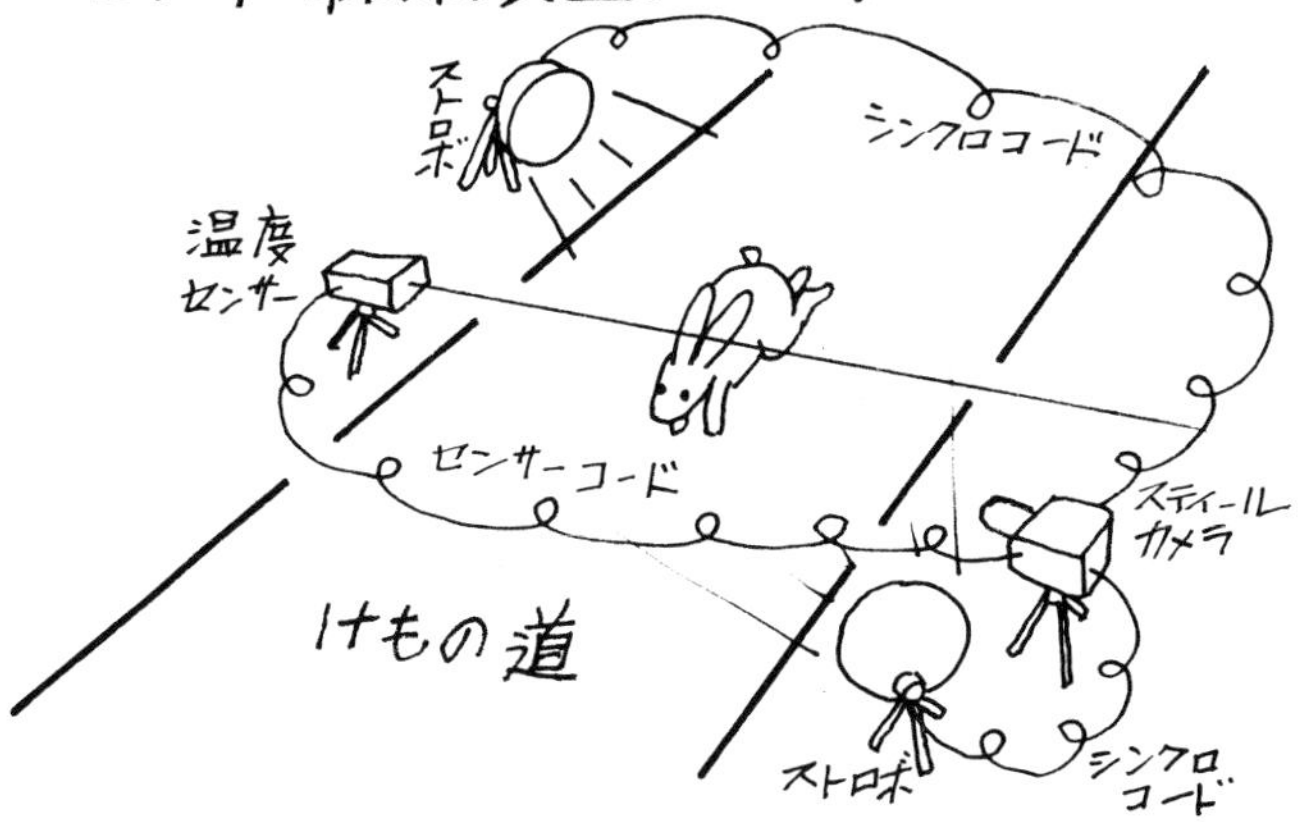

ただし、カメラ、ストロボは防水のため箱の中におさめており、各機器のコードおよび接点も完全防水にしてある。ストロボの電源は電池または変圧機より供給する(9V又は3V)。

肉眼による撮影装置

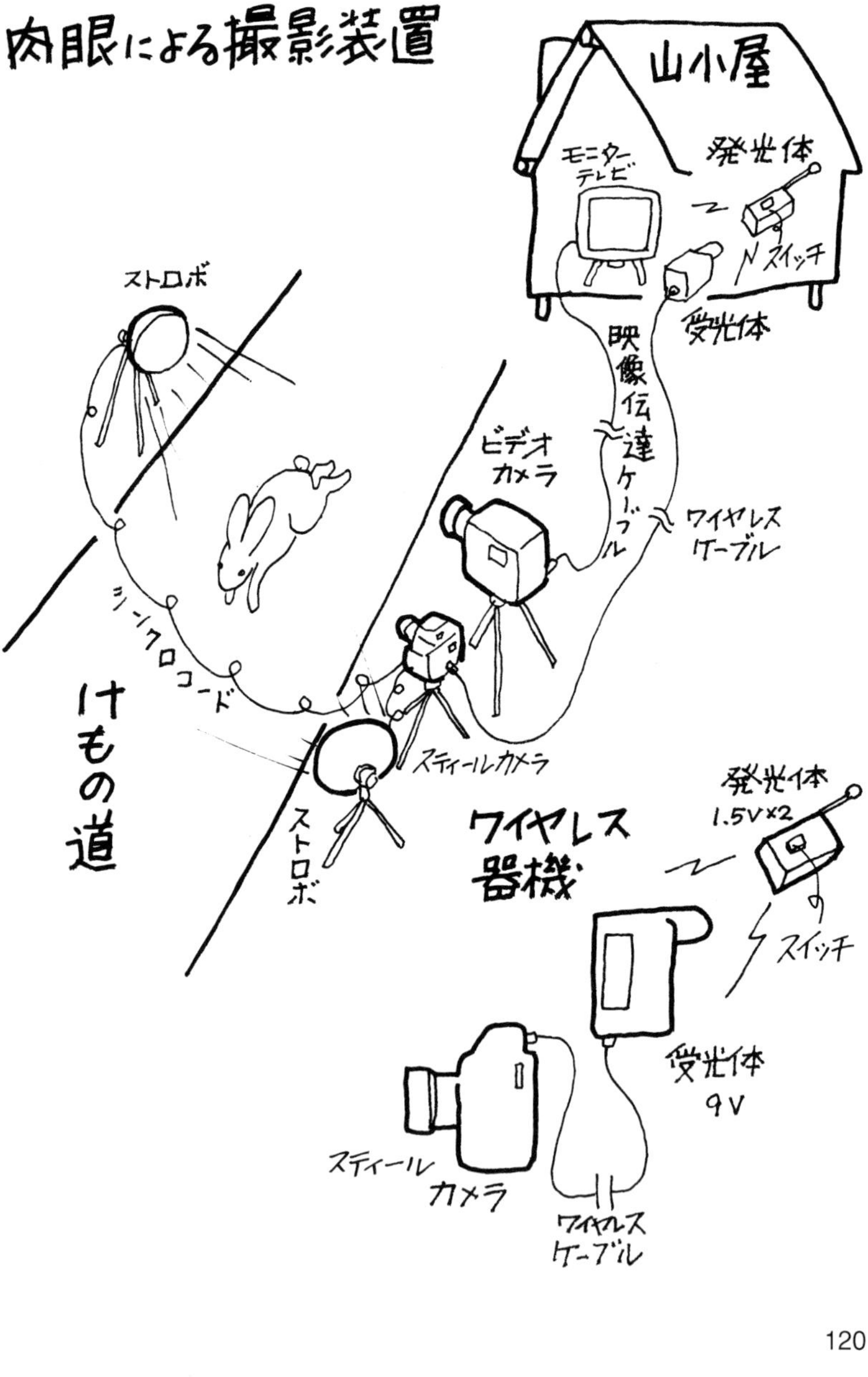
山小屋
モニターテレビ
発光体
スイッチ
受光体
映像伝達ケーブル
ワイヤレスケーブル
ビデオカメラ
ストロボ
シンクロコード
スティールカメラ
ストロボ
けもの道
ワイヤレス器機
発光体
1.5V×2
スイッチ
受光体
9V
スティールカメラ
ワイヤレスケーブル

③仕掛けの時間はかかるが、あとが楽にできる。

〈短所〉①餌付けするため、自然状態で撮るのがむずかしい。

②テレビ画面を常に見ていないとシャッターチャンスを逃がす。

③夜は徹夜の撮影になるため長期間はできない。3〜4日が限界。

自動撮影、餌付けによる目視撮影

私は、最近よく耳にすることがある。自動撮影は機械に頼りすぎて楽して撮っているとか、餌付撮影は生態系を変えるので動物によくないとか、病気になるからとか、それは自然な野生の写真ではないとか、などなど。

自己弁護をするつもりはないが、日本の野生動物には夜行性のものが多く、自然の状態で真暗闇の世界を撮影するのは非常に難しい。至難の技である。

巣穴を見つけてそこにカメラをセットして撮ることとは、アニマルハラスメントであるばかりでなく、一瞬のシャッターチャンスをものにしたとしても、それはファインダーごしの映像である。したがって、自分の目で見て脳で現像し、被写体イメージをしっかりと把むことが大事である。一にも二にも観察があってこそ、多くのフィルムからその動物の姿を選び出す感性が表れると思う。

この感性が社会に訴える原動力になるとすれば、写真は芸術といえる。野生のけなげでしたたかな姿を見てもらう必要がある。その芸術を通して世の人々に、野生動物について考えてもらい、大切さを知ってもらう。そこから、野生動物を見つめ直す新たな気運が高まるだろう。特に子どもたちには、写真を通して野生動物を知ってほしいと切に願う。

私からすると、餌付撮影や自動撮影などを非難するのは、視野が狭すぎると思う。事実の記録もさることながら、同時に人々を感動させることに視点を置かないといけない。そうしないと、取り返しのつかない事態になってしまう。闇から闇へ消えてしまうのはあまりにも忍びない。

人間が後から入り込んできて野生動物を追いやっておきながら、野生でなくなるから餌付けはよくないとか、自動で撮った写真は真の野生の姿ではないという人がいる。だったら、彼らの餌場である野山を、豊富な餌のある、元通りの自然な状態に返してあげられるのか。人間が彼らの住み処に入り込まずに保護してあげられるのか。できっこないのである。身勝手で理屈にならない話ではないか。彼らは、元々、先住者なのだ、はるかはるか昔からの。

週に一度の餌ぐらい何の影響があるというのだ。野生がなくなるなんてとんでもない。私の経験からすると全く問題ない、彼らはしたたかである。人間なんかとは比べものにならないほど鋭い五感、つまり「視覚」「聴覚」「嗅覚」「触覚」「味覚」を駆使し、餌をさがしあてる。命ある野生動物が、今、必死に生きている姿を見ると、愛しくてたまらない。それが、命あるものへの愛であり思いやりではないだろうか。

私は、彼らを思う時、いつも悲観的になってしまう。杉、檜の被害、畑の被害、それによる有害駆除、人間による自然破壊等、問題はとどまるところを知らない。東京の野生動物はすでに追いつめられてしまった。彼らが生息できる環境は、人間が自由に出入りできる場所なのである。そして、誰も人間の出入りを止めることはできない。

地球全体で考えると、世界中のいたるところで環境破壊が繰り広げられている。バランスを欠いた世界経済。民族や宗教の対立による悲惨な戦争。難民の増加、飢餓。一方では世界人口の異常増加、食糧危機、砂漠化……問題をあげればきりがない。野生動物の保護ができるのは、一部の国にすぎない。それより、餓死や病死寸前の子どもたちを救う食糧や医薬品を、とも思う。

しかし、弱いものや追いつめられたものに対する愛は、人間に対しても野生動物に対しても、同じでありたい。考えなければならないのは、自分の直面している場において、自分より弱いものは何かということ、追いつめられているのは何かということだ。

平和ボケしている飽食の日本人。本当の平和とは、愛とは、幸せとは何か、原点に戻って考えたい。

A Message To Readers:

Just a couple of hours by train from central Tokyo, there is a mountain village called Okutama. The Tokyo Wild Animals Office is located there, 4km from the train station at an altitude of 700 meters. The office is a small rustic cabin with a beautiful view of the valley below.

The woods surrounding the house do not appear to be a very good environment for wild animals.* Evidence of human influence is everywhere in this small forest that is Japan's largest protected natural park. But wild animals are here if you know how to find them. Some of what you will see is damage to the environment caused by having too many deer for a small habitat. Bark has been eaten from some of the trees by the deer, and there is little grass in many areas. Evidence of other animals can be detected by seeing the variety of animal droppings that are scattered on the ground.

The animals themselves, even the large numbers of deer, are much harder to see. Many are nocturnal, and others keep their distance from humans for their own safety. It would be difficult for a visitor to see all the animals who live here without knowing their habits.

Masao Hisada knows how to find them. He is a wildlife photographer and the Director of the Tokyo Wild Animals Office. He knows the negative impact of humans on the animals and their habitats. He knows the importance of preserving habitats for the wild animals that are left in the world.

The photographs in this book reveal the animals that are hidden to most people. Masao Hisada has taken photographs of the animals that appeared, often at night, behind the office. They are all taken from the same spot and reveal a hidden world of animal life. His photographs reveal his deep knowledge and respect for each of these animals as individuals, and their trust of him. The relationship of mutual respect that he has established with the animals in his environment is a model of the type of relationships that he believes all men should have with the animals in their environment.

Masao Hisada hopes that through his personal and revealing photographs, people will have a better appreciation for the animals and of how man and animals must learn to live together in mutual respect.

His message is clear: First, see animals as individuals, then you can appreciate the importance of their lives. We must think deeply about how to preserve wild animals and their habitats.

Mar. 2000

Michiko Sato

Michiko Sato
Instructor of The Tokyo Wild Animals Office

読者のみなさんへ

大都会東京の都心から電車で２時間あまり乗ると、奥多摩町に着きます。

ＪＲ青梅線の終点、奥多摩駅から距離にして4km、標高700ｍのところに東京の野生動物事務局はあります。事務局はとても古い、小さな家ですが、そこからの眺めは大変美しく、いつも心がいやされます。この家を訪れた人は周囲に残された、たくさんの動物の痕跡と、荒れた人工林を目の当たりにして、“いったい野生動物はどうやって生きているのだろう？”と不思議に思うはずです。そうです。ここに来ると、人間が自然に及ぼす影響について考えざるをえません。

山に入ってみると、地上にはわずかばかりの草があるだけ、木々はシカによって樹皮をはがされていることに気がつきます。以前から、環境問題として取り上げられているシカの増加と食害の関係がそこにあります。しかし、明るいうちにシカに出会うことはめったにありません。荒廃した森のどこにあんなに大きな動物が生きているのでしょうか。

久田雅夫氏は野生動物の写真家で、私たちの事務局のディレクターでもあります。この本の中で、彼はたくさんの東京に棲む野生動物を紹介していますが、それらは同じ場所、事務局のすぐ裏の林に現れたものです。ほら、ここに動物がいるよと彼は教えてくれます。撮影には長い時間と根気が投じられ、そのために彼は現れた動物の特徴をすべて知っていますが、動物の方でも久田雅夫が誰か、わかっているのです。このことは野生動物を保護する上で大変重要です。個々の動物と個人の関係が、野生動物と人類の共存の基礎だからです。

まず、写真を見て下さい。そして、生き物を感じてください。それから野生動物について深く考えてください。

TOKYO WILD ANIMALS OFFICE

illustrated:SHIZUKA

2000年３月
東京の野生動物事務局
森林ゼミ講師　佐藤　理子

野生王国　ホームページ（96年12月設立）

◆東京の野生動物たち
◆ツシマヤマネコ（国天然記念物、絶滅危惧種）
◆フォトライブラリ　野生王国　（アラスカ、北欧、アメリカ本土）
◆出版物の紹介　『貂の森日記』出版工房原生林
『グリズリー』毎日新聞社
『ツシマヤマネコ』風人舎　ほか
◆ホームページアドレス　www.linkclub.com/~yasei/

私が野生動物を撮りはじめてから20年になろうとしています。その間、世界各地で数えきれぬほどの野生動物に出逢いました。環境破壊が進む今、彼らは住む場所を追われ、多くの種が絶滅の危機にさらされています。それでもけなげに、またしたたかに生きていく、そんな彼らの姿を一人でも多くの方に見ていただきたい。ふだん見ることのできない野生動物の姿を、このホームページを通して知っていただきたいと思います。

東京の野生動物事務局

久田雅夫（HISADA　MASAO）

1941年　中国旧満州生まれ

1966年　専修大学経営学部卒

1967年　世界一周ヒッチハイク（北半球）

1980年　動物写真家として独立し、現在に至る

日本写真家協会会員（J.P.S)。東京都鳥獣保護員

住所　〒190-0003　東京都立川市栄町5-28-1-121

著書

「東京に生きる野生動物たち」らくだ出版

「朝日カメラ教室　ネイチャー③」共著・朝日新聞社

「写真集　貂の森日記」出版工房原生林

「何でもウォッチング　身近な鳥・けもの」誠文堂新光社

「絶滅危惧種　ツシマヤマネコ写真集」風人社

「写真集　GRIZZLY（グリズリー）」毎日新聞社

絶滅寸前の野生動物、地域的に少なくなってきた野生動物にこだわって撮り続けて20年。保護と啓蒙につながればと思う。命と心の大切さを思い、全ての弱い者に対する優しい思いやりと愛を与え続けていきたい。

奥多摩に生きる動物たち

2000年5月1日　第1刷発行

著　者／久田　雅夫
発行者／清水　　定

発行所／株式会社 けやき出版
〒190-0023 東京都立川市柴崎町3-9-6高野ビル
TEL. 042-525-9909　FAX. 042-524-7736
ＤＴＰ／有限会社 明文社
印刷所／大日本印刷株式会社

ISBN4-87751-107-5 PRINTED IN JAPAN